高橋将宜・渡辺美智子　著

統計学

5

One Point

欠測データ処理

R による単一代入法と多重代入法

共立出版

「統計学 One Point」編集委員会

「統計学 One Point」刊行にあたって

　まず述べねばならないのは，著名な先人たちが編纂された共立出版の『数学ワンポイント双書』が本シリーズのベースにあり，編集委員の多くがこの書物のお世話になった世代ということである．この『数学ワンポイント双書』は数学を理解する上で，学生が理解困難と思われる急所を理解するために編纂された秀作本である．

　現在，統計学は，経済学，数学，工学，医学，薬学，生物学，心理学，商学など，幅広い分野で活用されており，その基本となる考え方・方法論が様々な分野に散逸する結果となっている．統計学は，それぞれの分野で必要に応じて発展すればよいという考え方もある．しかしながら統計を専門とする学科が分散している状況の我が国においては，統計学の個々の要素を構成する考え方や手法を，網羅的に取り上げる本シリーズは，統計学の発展に大きく寄与できると確信するものである．さらに今日，ビッグデータや生産の効率化，人工知能，IoT など，統計学をそれらの分析ツールとして活用すべしという要求が高まっており，時代の要請も機が熟したと考えられる．

　本シリーズでは，難解な部分を解説することも考えているが，主として個々の手法を紹介し，大学で統計学を履修している学生の副読本，あるいは大学院生の専門家への橋渡し，また統計学に興味を持っている研究者・技術者の統計的手法の習得を目標として，様々な用途に活用していただくことを期待している．

　本シリーズを進めるにあたり，それぞれの分野において第一線で研究されている経験豊かな先生方に執筆をお願いした．素晴らしい原稿を執筆していただいた著者に感謝申し上げたい．また各巻のテーマの検討，著者への執筆依頼，原稿の閲読を担っていただいた編集委員の方々のご努力に感謝の意を表するものである．

編集委員会を代表して　鎌倉稔成

まえがき

　1990 年代までの社会科学系の実証分析においては，データが欠測[1]して
いる場合，欠測値を含む対象のデータ（行）をすべて削除して分析する簡
便な方法が適用されていた (King et al., 2001)．2007 年から 2012 年にか
けて出版された国際関係論の論文[2]においても，平均で 48.31％もの観測
値が除去されている (Lall, 2016)．一般的に社会科学系に限らず，実証分
析に関わる多くの領域で，欠測値への対処が厳密に行われているとはいい
難い．その背景としては，統計学，計量経済学，計量政治学などの統計処
理を解説する多くの導入的な教科書において，欠測データの問題は指摘さ
れこそすれ，適切な対処法が具体的に示されてこなかったことがある[3]．

　欠測データの処理に関しては，観測対象単位で全データを削除する簡便
な方法，重み付けによって偏りを補正する方法，仮定した統計モデルに基
づく尤度解析法に加えて，欠測データに何らかの値を代入し擬似的に完
全なデータを構成する代入法が代表的で，代入法についても，欠測値を 1
つの値で補う単一代入法と複数の値で補う多重代入法が提唱されている[4]．
本書の特色は，ワンポイントとして代入法に特化した詳しい説明にある．

　代入法に関する研究は 1950 年代まで遡ることができ (U.S. Bureau of
the Census, 1957, p.XXIV)，数多くの研究蓄積が存在する．特に，Ru-

---

[1] "missing" は「欠損」や「欠落」とも訳されるが，本書では「欠測」としている．

[2] 国際関係論における世界ランキングトップ 2 の雑誌である *International Organiza-
tion* と *World Politics* において，再分析が可能な 30 編に基づく数値である (Lall,
2016).

[3] たとえば，Greene(2003, pp.59-60)，Wooldridge(2009, p.322)，轟・杉野 (2013,
pp.131-145)，飯田 (2013, p.8)．河村 (2015, p.7, pp.14-15) は，欠測値の問題に言
及しているが，解決策は示していない．

[4] "imputation" は「補完法」や「補定法」とも訳されるが，本書では「代入法」とし
ている．同様に，"single imputation" は「単一代入法」とし，"multiple imputa-
tion" は「多重代入法」としている．

bin(1978, 1987) によって提案された多重代入法は，その後，尤度解析法と並んで，最も汎用的な欠測データ解析法として知られるようになった (Graham, 2009; Baraldi and Enders, 2010; Poston and Conde, 2014; Raghunathan, 2016).

　日本語による欠測データ解析の書籍は，渡辺・山口 (2000) や岩崎 (2002) があり，近年では，阿部 (2016) および高井・星野・野間 (2016) が出版されている．いずれの書籍も欠測データ解析に関する重要な情報源だが，内容が数理的な理論であったり，具体的な応用例が自然科学の分野に限られていたりするなど，社会科学の実証分析に携わる研究者や実務者にとって，実際にどのように分析処理すればよいのかが解説されてこなかった．

　本書では，主に社会科学において頻繁に使用される分析手法（平均値の t 検定，重回帰分析，ダミー変数を用いた重回帰分析，ロジスティック回帰分析，時系列分析，パネルデータ分析）に関して，データに欠測が発生している場合，どのように処理していけばよいかを数式のみに頼らず，できるだけ具体的に手順を説明している．読者の理解が深まるように，主にウェブ上で入手可能な実データを使用し，統計環境 R における分析の具体的な方法を示している．本書の R コードは，バージョン 3.2.2, 3.2.4, 3.3.1, 3.3.3, 3.4.1 において動作確認済みである．本書で使用したデータと R コードは，本書の紙面に掲載しているので，本書の内容は，単に読むだけではなくコンピュータで実際に演習することで，より実践的なスキルが身に付く構成になっている．

●多重代入法以外の欠測値対処法について

　本書は，代入法に特化しているため，重み付け法や尤度法といった代入法以外の欠測データ解析については，ほとんど触れていない．代入法以外の欠測データ解析については，渡辺・山口 (2000)，岩崎 (2002)，阿部 (2016, pp.62-92)，高井・星野・野間 (2016, pp.23-101) を参照されたい．

　代入モデルと分析モデルが同一の場合，モデルに基づく尤度解析法の方が多重代入法よりも効率的で，欠測値を代入法によって処理する必要はな

いという指摘もある．しかし，そのような場合であっても，特に社会科学
の文脈では，多重代入法を用いる方が好ましいと考えられる以下の理由が
ある．

　1つ目の理由は，社会調査の文脈において，調査票によって得られた
データには，欠測以外にもさまざまな種類のエラーが存在し，それらを適
切に処理せずに分析を行った場合，分析結果は信頼できないことである．
de Waal et al.(2011, p.224) および van Buuren(2012, p.22) が指摘する
とおり，代入法は，不完全な生データを統計分析が適用できる形式の完全
なデータへと変換する手続きの一部である．代入済みデータは通常の完
全なデータと同様に，データセットを直接目視で検査できるため，エラー
の訂正などを行う際に非常に有用で，そのため諸外国の公的統計 (official
statistics) では尤度解析法を利用せず，代入法によって欠測値を処理して
いる．

　2つ目の理由は，合成変数における項目レベルの欠測に対して，多重代
入法は尤度解析法よりも有用なことである．たとえば，「民主化」という
概念のレベルは，選挙プロセスが公正・公平かどうか，政党などの団体を
自由に結成できるかどうか，表現の自由・信教の自由・学問の自由などが
認められているかといった，直接観察可能な複数の項目から合成される
指標で測られる．このように，民主化のレベルという合成変数を構築する
場合，Enders(2010, pp.337-338) が指摘するとおり，尤度解析法は各項
目における欠測値自体を推定しないため，各項目に発生した欠測が埋まら
ず，合成変数としての民主化のレベルを構築できない．一方，多重代入法
は，項目レベルの欠測データを埋めるため，この問題に対処できる．

　3つ目の理由は，尤度解析法よりも多重代入法を用いる方が，一般的に
標準誤差の計算が容易なことである．このため，van Buuren(2012, p.22)
や Carpenter and Kenward(2013, p.35) は，多重代入法によって欠測値
を処理した統計分析の結果は，通常の分析と同様に，標準誤差に基づく統
計的推測を行うことができることを指摘し，多重代入法がより有用であ
るとしている．なお，尤度法を用いた場合の標準誤差の算出については，
Little and Rubin(2002, pp.190-199) を参照されたい．

　最後に，多重代入法による分析結果と尤度法による分析結果は，多くの場合，非常に似通ったものとなるため，どちらを選ぶかは個人の好みに過ぎないという指摘もある (Enders, 2010, p.336).

●多重代入法に関する FAQ

　本論に進む前に，Schafer(1999, pp.6-8) を参考に，多重代入法に関するよくある質問 (FAQ) を見ておこう．本書を読み終えたとき，これらの疑問に対する回答に納得してもらえていれば，著者の役目は果たせたといえよう．回答は，「おわりに」で披露する．

疑問 1：データセットから不完全なデータを対象単位で除去してしまう方が，多重代入法を使うよりも簡単なのに，なぜそのようにしてはいけないのか？

疑問 2：なぜ代入を複数回も行うのか？　1 回（1 個）代入するだけではいけないのか？

疑問 3：多重代入法は，何もないところからデータを作り出す錬金術ではないのか？

●謝辞

　成蹊大学の岩崎学先生および成蹊大学統計学研究室のメンバー（阿部貴行氏，河田祐一氏，東郷香苗氏，大道寺香澄氏，関口則子氏，佐野文哉氏，戸松真太朗氏，高野海斗氏）には，本書の原稿をご確認いただいた．閲読者の先生方には原稿を隅々までご確認いただき，本書の内容を改善することができた．共立出版編集課には，本書の編集を丹念に担当していただいた．この場にて，各位に深く謝意を表したい．

　　2017 年 10 月

高橋　将宜

渡辺美智子

目　　次

第❶章

Rによるデータ解析

　Rは，統計分析を行う環境（プログラミング言語）であり，フリーソフトウェアとして無料で使用することができる．基礎的な統計分析の機能だけではなく，世界中の研究者により日々，最新の統計分析機能が追加され続けている非常にパワフルな統計分析ツールである．特に，欠測データについては，多重代入法を実行できるパッケージが複数用意されている．

　Rは，多数のパッケージと呼ばれる関数群から構成されており，これらの多くは初期設定では使用できない．Rを起動し，「パッケージ」から「パッケージのインストール」を選択する．そして，「Japan(Tokyo)」を選択して，必要なパッケージの名前を一覧から探し出してインストールする．この作業は，1つのパッケージにつき1回だけ行えばよく，2回目からは library 関数を用いてパッケージを起動できる[1]．

　Rを使用するには，Rのウェブサイト (https://www.r-project.org/) にアクセスし，必要なファイルをダウンロードする．Rについては，金(2007) および青木 (2009) も参照されたい．

　本章では，Rのチュートリアルを兼ねて，基本統計量と回帰モデルの復習をし，データに欠測が発生している場合の問題を概観する．

---

[1]Windows 10 と McAfee の組み合わせの場合，パッケージのインストールは表面上うまくできても，library の読み込みに失敗することがある．環境によっては，ウイルス対策ソフトがインストールに支障を来たすことがある点に注意されたい．

1.1　R へのデータ読み込み

　R ではいろいろなタイプのデータを読み込むことができるが，本書では，CSV 形式（カンマ区切り形式）のデータを使用する．Excel 形式で入手したデータは，「名前を付けて保存」から「ファイルの種類」を「CSV（カンマ区切り）」を選んで保存すればよい．その他の形式のデータを読み込む方法については，青木 (2009, pp.15-22) を参考にされたい．

　たとえば，図 1.1 のデータを読み込むとする．簡単のため，$n = 4$ の非常に小さなデータとしている．

	A	B	C
1	country	gdp	freedom
2	Afghanistan	1900	24
3	Albania	11300	67
4	Algeria	14500	35
5	American Samoa	13000	

図 1.1　例示用データ（出典：CIA, 2016; Freedom House, 2016）

　R を開き，使用するデータを読み込もう．具体的な方法は，表 1.1 のとおりである．R のコンソールに下記のとおり read.csv 関数を入力し，データが保存されているフォルダを開いてデータを選択し「開く」ボタンをクリックする．なお，「<-」は付値という作業を意味し，左側に任意のオブジェクト名（ここでは df1）を指定し，右側にオブジェクトの内容を指定する．

　今回のデータは，1 行目が変数名なので，read.csv 関数の引数として header=TRUE と指定する．もしデータの 1 行目が変数名ではなくデータの値ならば，この引数は FALSE としておく．また，図 1.1 において，データ内の 1 列目の変数 country は，データの値ではなく各行の ID 名である．よって，引数として，row.names="country" と指定し，他の列と区別

表 1.1　R へのデータ読み込み方法

```
1  df1<-read.csv(file.choose(),header=TRUE,row.names="country")
2  attach(df1)
```

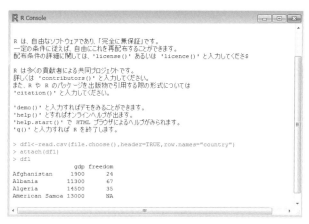

図 1.2　R の出力結果

しておく．もしこのような ID の情報が含まれていなければ，row.names=
を指定する必要はない．また，2 行目では attach 関数によってデータを
付値している．こうすることで，分析を行うたびにデータを指定する必要
がなくなり便利である．

　データが正しく読み込まれていれば，コンソール上にて df1 とタイプ
することで，図 1.2 の出力結果が得られるはずである．なお，この作業
は，確認のために実施しているだけであり，実際に分析を行う際には，
データの出力結果をコンソール上に表示する必要性はない．

　読み込んだデータには 3 つの列が含まれている．1 列目は，上述したと
おり，各行の ID 名であり，それぞれの行がどの国のデータであるかを示
している．2 列目の gdp は，一人当たり国内総生産（GDP: gross domes-
tic product，単位：米ドル）の値を表している (CIA, 2016)．3 列目の
freedom は，Freedom House による民主主義制度のレベルを表した指標で
あり，100 を最も民主的，0 を最も非民主的としている (Freedom House,
2016)．American Samoa の freedom の値は NA(not available) と表記され
ている．これは，元々の CSV ファイルにおいて値が欠測していたことを
表している．

1.2　平均値と標準偏差

本節では，gdp と freedom の平均値（算術平均）と標準偏差を算出する．R にて平均値を算出するには，mean 関数を用いればよい．出力結果は，以下のとおりである．変数 gdp の平均値は 10175 と計算できているが，freedom の平均値は NA と表示されている．

```
> mean(gdp)
[1] 10175
> mean(freedom)
[1] NA
```

(1.1) 式のとおり，完全データ[2]の平均値は簡単に計算できる一方で，(1.2) 式からわかるとおり，不完全データの平均値は 1 つの数値として計算することができない．

$$\overline{\text{gdp}} = \frac{1}{4}\sum_{i=1}^{4}\text{gdp}_i = \frac{1900 + 11300 + 14500 + 13000}{4} = 10175 \quad (1.1)$$

$$\overline{\text{freedom}} = \frac{1}{4}\sum_{i=1}^{4}\text{freedom}_i = \frac{24 + 67 + 35 + \text{freedom}_4}{4}$$
$$= \frac{126 + \text{freedom}_4}{4} = ? \quad (1.2)$$

標準偏差を算出するには，sd 関数を用いればよいが，出力結果は以下のとおりであり，平均値の場合と同様の問題が発生している．欠測データでは，平均値を算出できていなかったので，平均値からのばらつきを計算する標準偏差も計算できないのである．

```
> sd(gdp)
[1] 5669.436
> sd(freedom)
[1] NA
```

---

[2]調査計画どおりに得られたデータを完全データ (complete data) と呼び，そうではないデータを不完全データ (incomplete data) と呼ぶ．本書では，主に，欠測していないデータを完全データ，欠測しているデータを不完全データと称している（渡辺・山口, 2000, p.1, p.31）．

すなわち，欠測データを扱う際に，まず問題となるのは，欠測データの統計分析は通常の方法によって実行できないことである．本書では，どのようにすれば欠測を伴っているデータを分析できるかを示す．

1.3 回帰分析

社会科学では，国家の経済発展の決定要因について長く議論が行われている (Barro 1997; Feng, 2003; Acemoglu et al., 2005). 特に，政治制度の民主化のレベル（自由のレベル）によって，経済発展が促進されたり，阻害されたりすることが指摘されている．そこで，gdp を被説明変数とし，freedom を説明変数とする回帰モデル (regression model) を構築したい[3]．R にて回帰分析を行うには，lm 関数を用いる．~ の左側に被説明変数を指定し，右側に説明変数を指定する．出力結果を表示するために，全体を summary 関数で囲っておく．出力結果は以下のとおりである．

```
> summary(lm(gdp~freedom))
Call:
lm(formula = gdp ~ freedom)

Residuals:
    1     2     3
-4686 -1611  6296

Coefficients:
            Estimate Std. Error t value Pr(>|t|)
(Intercept)   3055.4    11613.0   0.263    0.836
freedom        147.1      253.6   0.580    0.665

Residual standard error: 8012 on 1 degrees of freedom
  (1 observation deleted due to missingness)   ←――――――― ここに注意
Multiple R-squared:  0.2517,    Adjusted R-squared:  -0.4966
F-statistic: 0.3364 on 1 and 1 DF,  p-value: 0.6654
```

---

[3] 変数 gdp の分布は，経済データ特有の右に裾の長い歪んだ分布であるが，ここでは簡単のため，変数変換は行わずに生データをそのまま使用している．この問題は第 8 章にて扱う．

	A	B	C
1	country	gdp	freedom
2	Afghanistar	1900	24
3	Albania	11300	67
4	Algeria	14500	35
5			

図 1.3　リストワイズ除去後のデータ（出典：CIA, 2016; Freedom House, 2016)

　出力結果の読み方を確認しておこう．Estimate の項目は回帰係数である．3055.4 は切片（Intercept），147.1 は変数 freedom の傾きである．Std.Error は標準誤差であり，t value は t 値であり，Pr(>|t|) は p 値である．Multiple R-squared は決定係数 R^2 であり，Adjusted R-squared は自由度修正済み決定係数 $\bar{R}^2$ である．

　小規模データなので，結果は統計的に有意ではないが，出力結果自体は，一見すると何の問題もなく欠測データを用いた回帰分析が出力されたように見える．しかし，よく見てみると，1 observation deleted due to missingness とカッコ内に記してある．これは，欠測のため観測値を 1 つ除去したという意味である．後の章で詳しく述べるが，これはリストワイズ除去[4](listwise deletion) といい，分析に用いたデータは図 1.1 ではなく，図 1.3 なのである．欠測を含んでいた American Samoa がデータセットから除去されているのである．つまり，本来分析したかった図 1.1 のデータに関する分析結果ではないのである．

　こういった欠測データの問題に対処する方法として，次章以降でリストワイズ除去，単一代入法，多重代入法を検討していく．多重代入法は，尤度解析法と並んで，最も汎用的な欠測データ解析法として知られている (Graham, 2009; Baraldi and Enders, 2010; Poston and Conde, 2014; Raghunathan, 2016)．最終的に本書では，多重代入法により欠測を処理した上で，t 検定，重回帰分析，ダミー変数を用いた重回帰分析，ロジスティック回帰分析，時系列データ分析，パネルデータ分析を行っていく．

----

[4]完全ケース分析 (complete-case analysis) やケースワイズ除去 (case-wise deletion) ともいう (Baraldi and Enders, 2010, p.10).

1.4 for ループ

多重代入法では欠測値を処理する際に複数のデータセットを生成する.
そして,これら複数のデータセットの1つ1つに対して,回帰分析など
の統計処理を施し,分析結果を1つに統合する.この作業は,1つ1つを
手作業で繰り返してもよいが,同じ作業の繰り返しであり,for ループに
よって自動化することができる.よって,本書の後半では,統計解析にお
いて for ループを多用している.ここで,for ループについて確認をし
ておきたい.

まず練習用のデータを表 1.2 のとおり生成する.このデータは乱数を発
生させるので,今後も同じ結果を得られるように再現性を確保したい.そ
のために,1行目にて set.seed 関数を用いて任意のシード値 (seed) を設
定している[5].2行目では,R パッケージ MASS を起動している[6].

3行目から5行目にかけて,matrix 関数を用いて 3×3 行列を定義し,
s と名付けている.これは相関行列である.6行目において,mvrnorm 関
数を用いて,標本サイズ $n = 5$,平均値ベクトル mu=c(0,0,0),相関行
列 Sigma=s の多変量正規分布の乱数データを生成し,df1 と名付けてい

表 1.2 例示用のデータ生成

```
1  set.seed(1)
2  library(MASS)
3  s<-matrix(c(1.0,0.5,0.5,
4             0.5,1.0,0.5,
5             0.5,0.5,1.0),3,3)
6  df1<-mvrnorm(n=5,mu=c(0,0,0),Sigma=s,empirical=F)
7  df1<-round(df1,3)
```

[5]本書では,単純に1としているが,この数字は任意である.また,桁数は多い方がよ
いともいわれている (Carsey and Harden, 2014, p.66).

[6]繰り返しになるが,R にてパッケージを利用するには,R を起動し,「パッケージ」
から「パッケージのインストール」を選択する.そして,「Japan(Tokyo)」を選択し
て,必要なパッケージの名前を一覧から探し出してインストールし,library 関数に
よって起動する.これ以降,必要なパッケージは,すべてインストール済みという前
提で話を進める.

る．7 行目にて，結果を見やすくするため，生成したデータを round 関
数によって小数点第 3 位で四捨五入している．なお，これは単なる練習
用データなので，数字には具体的な意味はない．

```
> df1
        [,1]    [,2]    [,3]
[1,]   1.384   0.485 -0.335
[2,]   0.075 -0.506 -0.019
[3,]   0.324   0.492  1.231
[4,] -2.581 -0.951 -0.375
[5,]   0.380 -0.441 -0.746
```

　ここで，i を観測値のインデックスとし，$i = 1, \ldots, n$ とする．j を変数
のインデックスとし，$j = 1, \ldots, p$ とする．すなわち，[i,] は i 番目の行
（ケース）を表し，[,j] は j 番目の列（変数）を表す．また，[i,j] は，
j 番目の変数における i 番目のケースの値を表す．ためしに以下のとおり
入力してみよう．df1[,1] は 1 列目の値であり，df1[2,] は 2 行目の値
であり，df1[3,1] は 1 列目の 3 行目の値である．

```
> df1[,1]
[1]  1.384   0.075   0.324 -2.581   0.380
> df1[2,]
[1]  0.075 -0.506 -0.019
> df1[3,1]
[1] 0.324
```

　たとえば，各変数の平均値と標準偏差を計算したいとする．その場合，
以下のとおり入力すればよいが，このように 1 つずつ計算する場合，変
数の数が増えてくると大変である．

```
> mean(df1[,1])
[1] -0.0836
> mean(df1[,2])
[1] -0.1842
> mean(df1[,3])
[1] -0.0488
```

```
> sd(df1[,1])
[1] 1.482993
> sd(df1[,2])
[1] 0.6447012
> sd(df1[,3])
[1] 0.7604572
```

　そこで，for ループを用いて自動化する[7]．具体的な方法は，表1.3 の
とおりである．1 行目において，結果を格納する 3×2 の空の行列を output
として定義する．2 行目から5 行目までは一連の作業である．for ループ
において，j を 1 から 3 まで変化させる．3 行目では，output[1,1] には
mean(df1[,1]) を格納し，output[2,1] には mean(df1[,2]) を格納し，
output[3,1] には mean(df1[,3]) を格納している．4 行目も同様に sd
関数によって求めた値を output[j,2] に格納している．5 行目の } は，
ループ作業の終了箇所を示している．最後に，output とタイプすれば，
上記と同じ作業が自動的に行われていたことがわかる．出力結果の 1 列
目は平均値，2 列目は標準偏差である．

表 1.3　for ループの例

```
1  output<-matrix(NA,3,2)
2  for(j in 1:3){
3    output[j,1]<-mean(df1[,j])
4    output[j,2]<-sd(df1[,j])
5  }
```

```
> output
          [,1]      [,2]
[1,] -0.0836 1.4829930
[2,] -0.1842 0.6447012
[3,] -0.0488 0.7604572
```

---

[7]平均値と標準偏差を計算したいだけならば，apply(df1,2,mean) および
apply(df1,2,sd) とする方が簡単に計算できるが，ここでのポイントは，for
ループの使い方を確認することである．

第 ❷ 章

不完全データの統計解析

本章では，無回答[1](nonresponse) の種類について概観し，欠測データのパターンと欠測データのメカニズムについて説明する．また，欠測処理方法として，代入法の効果と目的を示す．

2.1 無回答とは

本節では，無回答の種類について概観する（高橋・阿部・野呂, 2015, pp.5-7）．回答の無い状態のセルのことを欠測しているという．無回答は，構成要素単位で発生する全項目無回答 (unit nonresponse) と変数単位で発生する一部項目無回答 (item nonresponse) の 2 種類に大別される．表 2.1 は，228 か国のデータから無作為抽出したデータである．

観測数 6 か国，観測変数 3 列のデータである[2]．合計で 18 個のセルが存在するが，灰色セルは無回答により欠測していることを表し，白抜き数字は本来得られるはずの真値を表すものとする．

---

[1] 無回答は「回答が無い」と読み下すことができる．類似の概念として「非回答」と「未回答」がある．非回答は「回答に非ず（あらず）」と読み下すことができ，未回答は「未だ（いまだ）回答せず」と読み下すことができる．非回答は欠測だけではなく誤記入などのエラー全般を含意し，未回答はこれから回答する余地があることを含意している．

[2] 観測数 6 か国の小規模なデータを用いているのは，簡単のためである．実際には，通常の統計分析と同様に，標本サイズは大きい方が望ましい．

表 2.1 GDP と Freedom House の実データ ($n = 6$)

country	gdp	freedom
ブルキナファソ	1700	59
カメルーン	3100	24
スリナム	16300	77
マレーシア	26200	45
日本	38100	96
米国	56100	90

出典：CIA(2016), Freedom House(2016)

全項目無回答とは，調査の対象者から調査票が回収できなかったり，回収された調査票が白紙であったりする場合を意味する．表 2.1 のブルキナファソがこれにあたる．全項目無回答は，無作為なサブサンプリングの構造を持てば，その場合の誤差は標本誤差に吸収され，標準誤差を用いることで数値評価できる[3](King et al., 2001, p.49)．一方，一部項目無回答とは，調査対象者から回収された調査票に回答があったものの，いくつかの質問に回答がない状態である．表 2.1 のスリナムの freedom の値やマレーシアの gdp の値がこれにあたる[4]．

第 1 章で見たとおり，欠測値を処理しない場合に発生する最初の問題は，統計的計算処理が不可能になることである．たとえば，表 2.1 の gdp の平均値（算術平均）を算出したいとしよう．灰色セルが欠測しているので，gdp の平均値は $(113600 + \text{gdp}_1 + \text{gdp}_4)/6$ となり，これ以上の計算ができない．平均値すら算出できないということは，不完全データでは標準偏差や相関係数などほとんどの統計処理を行えないことがわかるだろう．

---

[3] ただし，全項目無回答が偏りを発生させると疑われる場合には，再調査などによって対応することも多い．全項目無回答への対処については，松田・伴・美添 (2000, pp.56-62) が詳しいので，そちらを参照されたい．また，Heckman の選択モデルによって偏りに対処する手法も知られており，星野 (2009, pp.146-155) が詳しいので，そちらを参照されたい．もし，一部項目無回答者と全項目無回答者が同一の特性を持っていると考えられるならば，多重代入法による代入モデルから無作為に発生した代入値によって全項目無回答者の欠測値を置き換えて対処する方法もある．本書が対象としている欠測は一部項目無回答の方であるため，全項目無回答については，これ以上の言及はしない．

[4] なお，今回の例からわかるとおり，調査票を用いたデータに限定した話ではない．

表 2.2　リストワイズ除去後のデータ $(n = 3)$

country	gdp	freedom
カメルーン	3100	24
日本	38100	96
米国	56100	90

出典：CIA(2016), Freedom House(2016)

　そこで，SAS，SPSS，STATA など多くの統計ソフトウェアでは，リストワイズ除去により，欠測値を含む観測対象の行をすべて削除し，データを擬似的に「完全」な状態にした上で分析を行うことが多い（1.3 節も参照されたい）．表 2.2 は，表 2.1 にリストワイズ除去を施したものである．

　リストワイズ除去を行えば，一見するとデータが「完全」な状態となるため，たとえば，gdp の平均値は 97300/3 = 32433.33 となり，統計処理を施すことができる．しかし，この値は 3 か国の平均値であって，元々のデータにおける 6 か国の平均値 (23583.33) ではない．この 2 つの値は，一般的に一致しない[5]．すなわち，欠測データの 2 つ目の問題点は，分析結果に偏りが発生するおそれがあることである．

　また，表 2.1 の場合，gdp の欠測率は 33.3%(= 2/6) である一方，調査項目に一部でも無回答（欠測値）が含まれている場合に欠測値を処理しないと，行（ケース）全体を除去してしまい，標本サイズが急速に縮小する．10 変量の統計モデルを考えるとき，もし 1 つの変数あたり 10% ずつ欠測が独立に発生しているとしたら，$1 - 0.9^{10} = 0.65$ となり，約 65% もの観測値を除外してしまうこととなる（阿部, 2016, p.25）．実際，表 2.2 のように，データ全体の欠測率が 50.0% (= 3/6) に増加している．スリナムの gdp の情報やマレーシアの freedom の情報が活かされておらず，データ資源が無駄になっていることがわかる．すなわち，欠測データの 3 つ目の問題点は，分析結果の効率性が下がり精度が低くなるおそれがあることである．

---

[5] $(\mathrm{gdp}_1 + \mathrm{gdp}_4)/2 = \overline{\mathrm{gdp}}_{\mathrm{obs}}$ の場合のみ一致する．ここで，$\overline{\mathrm{gdp}}_{\mathrm{obs}}$ は，観測データに基づく gdp の平均値である．

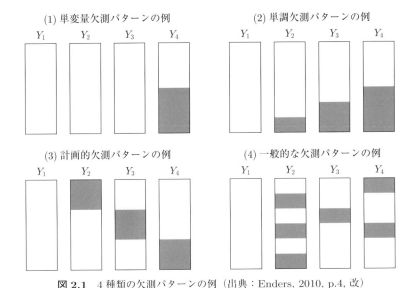

(1) 単変量欠測パターンの例

(2) 単調欠測パターンの例

(3) 計画的欠測パターンの例

(4) 一般的な欠測パターンの例

図 2.1 4 種類の欠測パターンの例（出典：Enders, 2010, p.4, 改）

2.2 欠測パターン

本節では，欠測データのパターンを検討する．次節では，欠測データのメカニズムを検討する．欠測パターン (missing pattern) はデータセット内における観測値と欠測値の配置関係を意味し，欠測メカニズム (missing mechanism) は観測された変数と欠測データの確率間の起こりうる関係を記述するものである．

本節では，単変量欠測パターン (univariate missing pattern)，単調欠測パターン (monotone missing pattern)，計画的欠測パターン (planned missing pattern)，一般的な欠測パターン (general missing pattern) の 4 種類について検討する (Enders, 2010, pp.2-5)．図 2.1 は，これら 4 種類の欠測パターンを示している．この図では，陰影のついている箇所は，4 変量データセットの中で欠測している箇所を表している．(1) と (2) は単調欠測パターン，(3) と (4) は非単調欠測パターン (nonmonotone missing pattern) である．

1 つ目の単変量欠測パターンでは，欠測は 1 つの変数 (Y_4) のみに発生

している．たとえば，Y_1 は生徒の名前，Y_2 は生徒の学年，Y_3 は生徒の
クラス，Y_4 は生徒のテストの点数だとしよう．この場合，教員にとって，
Y_1，Y_2，Y_3 の情報は常に利用可能であるが，Y_4 のデータは，生徒が欠席
した場合，欠測する．こういった場合，単変量パターンの欠測が発生す
ると考えられる．ただし，実際の場面では，単変量欠測パターンは稀である．

　2 つ目の単調欠測パターンでは，変数 Y を欠測の少ない順に並び替え
ることで，欠測率が左から順に増えていくパターンである．経時測定デー
タ (longitudinal data) において頻繁に見られるパターンである．たとえ
ば，同一の人たちを追跡する調査を行いたいとする（回答率は 60% だと
する）．一昨年の調査では 10,000 人に調査票を送り，6,000 人から回答を
得たとしよう．同一の人たちの状況を追跡調査したいので，昨年の調査
では 6,000 人に調査票を送り，3,600 人から回答を得たとする．さらに今
年は 3,600 人に調査票を送り，2,160 人から回答を得たとする．このよう
な経時的な研究では，回答者の脱落 (dropout) によって欠測が発生する
とき，それ以降，その脱落者の回答はすべて欠測となり，欠測は単調なパ
ターンとなる．欠測が単調な場合，同時分布を条件付き分布に分割してモ
ジュール的に分析を行うことができる（阿部, 2016, p.32）．

　3 つ目の計画的欠測パターンは，質問項目のいくつかが意図的に欠測と
なっているものである．たとえば，Y_1 は年齢であり，全員に回答してもら
う．30 歳未満の人には Y_3 と Y_4 を回答してもらい，30 歳以上 50 歳未
満の人には Y_2 と Y_4 を回答してもらい，50 歳以上の人には Y_2 と Y_3 を回
答してもらう．計画的欠測パターンを有効に活用することで，回答者負担
を減らしつつ，多くの質問項目に対する回答を収集することができるが，
欠測データとして解析しなければならない．

　4 つ目の一般的な欠測パターンでは，欠測がデータ全体に散らばって発
生している．通常のデータ分析で遭遇する欠測データは，このパターンが
最も多い．表 2.1 のデータは，一般的な欠測パターンである．このパター
ンでは，反復推定アルゴリズムを用いる必要があり，手作業で解決するに
は問題が複雑となる．

　実際の分析では，掃き出し演算子 (sweep operator) によって，平均値

ベクトルと分散共分散行列を1つの拡大行列に自動的に統合し，望まし
い回帰係数と残差分散を算出するような一連の変換が自動的に実施でき
る[6](Enders, 2010, p.112)．そのため，本書で導入する多重代入法は，い
ずれの欠測パターンに対しても有効であり，欠測のパターンはかつてほど
重視されなくなってきている[7](Enders, 2010, p.5; Carpenter and Ken-
ward, 2013, p.81; Raghunathan, 2016, p.4).

2.3　欠測メカニズム

前節の欠測パターンは，あくまでも欠測がデータ内のどこに発生してい
るかを記述しているものであって，欠測がなぜ発生しているかというメカ
ニズムに関するものではない (Enders, 2010, p.5).

欠測データの統計解析では，Little and Rubin(2002) によって提唱さ
れている3つの欠測メカニズムを考慮に入れて分析を行う[8]．欠測は，ど
のようなメカニズムで発生しているかによって，無視可能 (ignorable) と無
視不可能 (NI: nonignorable) に分かれる．無視可能な欠測とは，欠測デー
タに基づく解析結果と，計画段階から観測する意図のない場合の解析結果
との間に違いがないことを意味する（岩崎, 2002, p.7; 岩崎, 2015, p.181).

$\mathbf{D}$ を $n \times p$ のデータセットとする．n は標本サイズであり，p は変数の
数である．D_{ij} を i 番目の観測値の j 番目の変数のデータとする．$\mathbf{K}$ を回
答指示行列 (response indicator matrix) とする．$\mathbf{D}$ と $\mathbf{K}$ の次元は同じで
ある．D_{ij} が観測されるとき $K_{ij} = 1$ であり，D_{ij} が観測されないとき
$K_{ij} = 0$ である．

完全に無作為な欠測を Missing Completely At Random の略で MCAR

---

[6]掃き出し演算子については，Goodnight(1979), Schafer(1997, pp.157-163), Little
and Rubin(2002, pp.148-156, pp.223-226) を参照されたい．

[7]ただし，第9章で議論するとおり，質的データを扱う際には重要な要素となりうる
(Li et al., 2014).

[8]本節は，Little and Rubin(2002) をもとに，King et al.(2001), Allison(2002,
pp.3-5), van Buuren(2012, pp.6-7, pp.31-33), Carpenter and Kenward(2013,
pp.10-21), 高橋・阿部・野呂 (2015, pp.7-9) の考え方に依拠している．

と呼ぶ. これは, ある値の欠測する確率が, その対象のデータと無関係
であることを意味する. つまり, $Pr(\mathbf{K}|\mathbf{D}) = Pr(\mathbf{K})$ である. たとえば,
調査票を受け取った人がサイコロを転がして, 1～5 が出たら回答し, 6
が出たら回答しないとする. この場合, 欠測は完全に無作為と考えられ
る[9]. つまり, 欠測データは, 完全データからの無作為なサブサンプルと
みなすことができる (Allison, 2002, p.3). 標本調査における無作為抽出
は, まさしくこのメカニズムを利用して, 母集団から大多数の調査対象
者を完全に無作為な形で欠測させていると捉えることができる (渡辺・
山口, 2000, p.3). このように, 欠測が MCAR の場合には, 観測されて
いる対象のデータのみで解析しても, 推定結果は不偏であり, 効率性は下
がるものの, 標本誤差の推計値から欠測による誤差を評価できる. すなわ
ち, MCAR は常に無視可能な欠測である.

　条件付きで無作為な欠測を Missing At Random の略で MAR と呼ぶ.
これは, データを条件とした欠測の条件付き確率が, 観測データを条件とし
た欠測の条件付き確率に一致することを意味する. つまり, $Pr(\mathbf{K}|\mathbf{D})$
$= Pr(\mathbf{K}|\mathbf{D}_{\mathrm{obs}})$ である. ここで, $\mathbf{D}_{\mathrm{obs}}$ は観測データであり, $\mathbf{D}_{\mathrm{mis}}$ は欠測
データであり, $\mathbf{D} = \{\mathbf{D}_{\mathrm{obs}}, \mathbf{D}_{\mathrm{mis}}\}$ である. すなわち, 観測データを条件
として, 欠測確率の分布が非観測データから独立している. たとえば, 年
齢の高い人になるほど収入について答えない確率が高くなり, データ内
に年齢に関する情報が含まれていれば, 収入の欠測は年齢を条件として
無作為といえる. もし欠測データが MAR の場合, 欠測を除去する分析
は偏っているおそれがある. また, 後述するとおり, この偏りは, 共変量
(covariate) または補助変数 (auxiliary variable) を利用した代入法によっ
て是正することができる[10]. なお, MCAR は MAR の特殊形態であり,
MCAR の場合にも代入法を利用できる.

---

[9]特に理由もなく「たまたま」回答しなかったという状態である.

[10]共変量は分析モデルにおける説明変数 (independent variable) であり, 補助変数は
　　代入モデルにおいて欠測値の予測に役立つが必ずしも分析モデルには含まれない変数
　　である (阿部, 2016, p.116). ただし, 本書では, どちらの変数も補助変数と呼んで
　　いる.

厳密には，欠測メカニズムが無視可能であるためには，MARであり，かつ，欠測発生に関するパラメータと推測の目的であるパラメータの事前分布がお互いに無関係 (distinct) であるという2つの条件が満たされる必要がある (Little and Rubin, 2002, p.119)．しかし，通常，実用上の目的では，MARの条件が満たされれば欠測データモデルを無視可能とみなすことが多い (Little and Rubin, 2002, p.120; Allison, 2002, p.5; van Buuren, 2012, p.33)．すなわち，実用上の意味でNIとは下記のNMARのことである (Graham, 2009, p.553)．

無作為ではない欠測を Not Missing At Random の略で NMAR と呼ぶ．また，NMAR は，MNAR(Missing Not At Random) とも表記されることがあるが，同じ概念である．これは，ある値の欠測する確率がその変数の値自体に依存しており，かつ，観測データを条件にしてもこの関係を崩すことができないことを意味する．つまり，$Pr(\mathbf{K}|\mathbf{D}) \neq Pr(\mathbf{K}|\mathbf{D}_{\mathrm{obs}})$ である．たとえば，収入の高い人になるほど収入について答えない確率が高くなり，データ内に収入の欠測確率を予測できる情報が含まれていなければ，収入の欠測は無視できない (NI)．もし欠測データがNMARの場合，必ずしも代入法によって欠測データ解析における偏りを是正できるとは限らないため，個別の欠測データに応じた処理方法を採用する必要がある．選択モデル (selection model) やパターン混合モデル (pattern-mixture model) を用いて分析を行うが，非常に強い仮定を必要とする (Allison, 2002, ch.7; Enders, 2010, ch.10)．これらの手法は感度分析 (sensitivity analysis) として有用であり，第13章で使用する．

2.4 MARデータのシミュレーション

本節では，MARデータをシミュレーションによって生成してみる．細かく設定することもできるが，ここでは，King et al.(2001, p.61) や高井・星野・野間 (2016, p.18) のように，閾値を境に欠測確率が変わる場

表 2.3　MAR データ生成の例

```
1   n<-100; set.seed(1)
2   x<-rnorm(n,0,1); e<-rnorm(n,0,1); y1<-1+2*x+e
3   u1<-runif(n,0,1); u2<-runif(n,0,1)
4   df1<-data.frame(y1,x,u1,u2)
5   matdata<-matrix(NA,n,1)
6   for(i in 1:n){
7     if (df1[i,2]<median(df1[,2])&df1[i,3]<0.5){
8       matdata[i,1]<-NA
9     }else if (df1[i,2]>=median(df1[,2])&df1[i,4]<0.25){
10      matdata[i,1]<-NA
11    }else{
12      matdata[i,1]<-df1[i,1]}
13  }
14  y2<-matdata[,1]
15  df1<-data.frame(y2,x)
```

合を考えることとする[11].

　二変量データ (X, Y) において，変数 X を条件として，変数 Y に欠測が発生しているとする．これは，非常に強い MAR 性を持つ欠測である．具体的に，変数 X が中央値未満の場合，変数 Y の欠測確率を 0.5，変数 X が中央値以上の場合，変数 Y の欠測確率を 0.25 とする．

　この場合の R コードは，表2.3のとおりである．1行目にて，標本サイズ n を 100 に指定し，再現性を確保するために任意のシード値を 1 としている．2行目にて，rnorm 関数を用いて，変数 x と誤差項 e を発生させており，それぞれ，$n = 100$，平均値 $= 0$，標準偏差 $= 1$ である．また，変数 y1 は変数 x と誤差項 e の線形変換として生成している．3行目にて，runif 関数によって欠測発生のための一様乱数 $U(0, 1)$ を u1 と u2 として生成する．4行目にて，data.frame 関数によって y1，x，u1，u2 をデータフレームとして格納し，df1 と名付ける．5行目にて，欠測変数を格納する空の $n \times 1$ 行列 matdata を生成しておく．6行目から13行目にて，

---

[11]ロジスティック回帰モデルを用いて MAR のシミュレーションデータを作成することもできる (Abe and Iwasaki, 2007, p.9; van Buuren, 2012, p.32).

表 2.4 MAR データの図

```
1  plot(x,y2,pch=16,cex=1.5,xlim=c(-3,3),ylim=c(-6,6))
2  par(new=T)
3  plot(x,y1,pch=4,xlim=c(-3,3),ylim=c(-6,6))
4  abline(v=median(x))
```

for ループを用いて，1 番目の観測値から n 番目の観測値まで，上述の
ルールに従って欠測を発生させる．7 行目と 8 行目にて，もしデータ 2 列
目の i 番目の行の値が中央値未満であり，データ 3 列目の i 番目の行の値
が 0.5 未満であるなら，matdata[i,1] に欠測を発生させる．9 行目と 10
行目にて，もしデータ 2 列目の i 番目の行の値が中央値以上であり，デー
タ 4 列目の i 番目の行の値が 0.25 未満なら，matdata[i,1] に欠測を発
生させる．11 行目から 12 行目にて，上記以外の場合，matdata[i,1] の
値は 1 列目のデータの値とする．13 行目の } は for ループの終了箇所を
示している．14 行目にて，欠測データを格納した matdata[i,1] を y2 と
名付けている．

図 2.2 は，このデータを図示したものである．具体的な方法は表 2.4 の
とおりである．1 行目にて，plot 関数により変数 x と変数 y2 の散布図を
作成している．引数 pch=16 は，記号の種類を ● に指定している．引数
cex=は，記号の大きさを指定している．引数 xlim=は横軸を -3 から 3 の
範囲に指定し，ylim=は縦軸を -6 から 6 の範囲に指定している．2 行目
にて，par(new=T) によって 2 枚の散布図を重ねて表示している．3 行目
にて，変数 x と変数 y1 の散布図を作成している．引数 pch=4 は，記号の
種類を×に指定している．4 行目にて，abline 関数により変数 x の中央
値を縦線として引いている．● は観測値，×は欠測値である．縦線を境に
して，欠測の割合が変化していることがわかる．

2.5 MAR についての注意点

MAR は「欠測する値に依存しない欠測」と説明されることがあるが，
この説明は正確ではない．Carpenter and Kenward(2013, p.12) は，以下

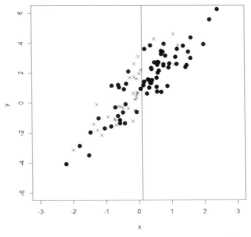

図 2.2　MAR のシミュレーションデータの例

のとおり説明している.

> MAR とは，ある個体の変数を観測する確率がその変数の値から独立して
> いるということを意味しているわけではない．そうではなくて，MAR で
> は，ある変数を観測する可能性は，その値に依存することがある．しかし，
> 重要なことは，その他の変数の観測データを条件として，この依存性が除
> 去されるということである．

　たとえば，ある企業調査において，企業の担当者が調査票を手にした
とき，「我が社は従業員数が多いから，売上高について答えないことにし
よう」と考えるとは想像しにくい．そうではなく，「我が社は売上高が多
いから，売上高について答えないことにしよう」と考える方が自然であ
る．すなわち，売上高の欠測は，売上高の値に依存して発生すると想像
できる．そのようにして発生した売上高の欠測データにおいて，従業員
数を条件としたときに売上高の欠測確率を予測できるかどうかが鍵であ
る．つまり，同じ従業員数の値をとる企業に対しては，売上高の欠測の可
能性が売上高の値そのものに影響されていない場合，MAR と呼ぶのであ
る（渡辺・山口, 2000, pp.7-8）．MAR では，欠測が，欠測する値に無条

件で依存しないわけではなく，条件付きで依存しないのである[12]．逆に，
NMAR では，欠測変数の観測部分は他の観測データと関係があるかもし
れないものの，欠測部分は他の変数の観測データと関係がない状態であ
る．

　なお，現実には，MAR と NMAR の違いは種類の違いではなく程度の
違いとして理解するべきであり，手元の欠測データは MAR と NMAR の
どちらに近いかという問題である (Graham, 2009, p.567)．

　真の欠測データメカニズムは，手元のデータから決定することができ
ず，不明であることが多いが，Scheuren(2005, p.317) は，経験的に公的
統計の調査では，MCAR は約 10%〜20%，MAR は約 50%，NMAR は
約 10%〜20% であると述べている．また，代入モデルに含める補助変数
をできる限り多くすることによって，MAR の仮定を満たす確率が向上する
ことが知られている (King et al., 2001, p.51; van Buuren and Groothuis-
Oudshoorn, 2011, p.22)．これを包括的分析法 (inclusive analysis strat-
egy) と呼ぶ (Enders, 2010, p.16)．

2.6 欠測の処理方法

　欠測への対処は二段階に分けて考えることができる（高橋・阿部・野
呂, 2015, p.10）．データ収集段階における対処とデータ収集後における対
処である（松田・伴・美添, 2000, pp.70-73）．データ収集段階における欠
測値は，未回答であり，再訪問や再調査を実施することで，実測値を回収
できる可能性がある．その場合，実測値を確保できるよう，最大限の努力
をすることが望ましい（土屋, 2009, pp.200-201）．一方，データ収集後
における欠測値は，無回答であり，もはや実測値を回収できる見込みはな
い．こういった場合，統計的に処理する必要があり，その方法の 1 つと

---

[12]なお，Seaman et al.(2013) は，MAR の定義に realized MAR と everywhere
MAR の 2 種類あると指摘している．また，Mealli and Rubin(2015) は，Missing
At Random と Missing Always At Random の区別をしている．研究者によって
MAR の解釈が異なる場合があることに注意されたい．

して代入法による処理が挙げられ，単一代入法や多重代入法などの手法が
考案されている．

　代入法とは，欠測値を何らかの値で置き換えて，欠測の穴を埋めた上で
データを擬似的に完全な状態とする方法である．ここで，(2.1) 式を例に，
被説明変数 Y_i に欠測が発生している場合と説明変数 X_i に欠測が発生し
ている場合を考えてみよう．ここで，$\beta_0 = 1.0$，$\beta_1 = 1.5$，
$X_i \sim N(0, 1)$，$\varepsilon_i \sim N(0, 1)$ としよう．

$$Y_i = \beta_0 + \beta_1 X_i + \varepsilon_i \tag{2.1}$$

　結論から述べると，(2.1) 式において，説明変数 X_i が欠測しておらず，
被説明変数 Y_i のみが MAR で欠測している場合，不完全なケースは回帰
係数 β_0 と β_1 に関する情報を持っていないため，不完全なケースをリス
トワイズ除去した回帰分析の推定量には偏りがない．一方，説明変数 X_i
が，被説明変数 Y_i の値に依存して MAR で欠測している場合，代入法に
よって欠測値を処理する必要がある（Little, 1992; Raghunathan, 2016,
p.99; 阿部, 2016, p.45）．

　多重代入法についての詳細は後述するが，MAR の欠測を用いた 1,000
回のモンテカルロ・シミュレーションを通じて，代入法の効果を確認し
よう．詳細な結果は，高橋 (2017, pp.74-76) を参照されたい．表 2.5 は，
β_1 の偏り[13]と CI カバー率[14]を示したものである．説明変数が欠測してい
る場合，リストワイズ除去による結果は偏っており，信頼区間も統計的誤
差以上に外している．多重代入法 (多重代入済みデータ数 $M = 5$) による

---

[13]偏り (bias) とは，$E(\hat{\theta}) - \theta$ である．

[14]CI カバー率とは，名目 95% 信頼区間 (CI: confidence interval) が真のパラメータ
値を捕らえることができた割合である (Carsey and Harden, 2014, p.93)．π を母
比率とし，s をシミュレーション回数とすれば，標本比率の標準誤差は $SE(\hat{\pi}) = \sqrt{\pi(1-\pi)/s}$ で与えられる．名目 95% 信頼区間について 1,000 回の試行を行った
ものなので，$\sqrt{0.95 \times 0.05/1000} \approx 0.007 = 0.7\%$ となる．したがって，$95 \pm 2 \times 0.7\% = 93.6\% \sim 96.4\%$ の範囲に収まっていれば，統計的に正しい結果が出ていると
判断できる (Abe and Iwasaki, 2007, p.10; Lee and Carlin, 2010, p.627; Carsey
and Harden, 2014, p.94-95; Hughes et al., 2016)．

表 2.5 シミュレーション結果

	説明変数が欠測		被説明変数が欠測	
	偏り	CI カバー率	偏り	CI カバー率
完全データ	0.000	95.8	-0.001	95.2
リストワイズ	-0.026	88.7	-0.001	95.9
多重代入法	0.001	95.1	-0.001	95.1

結果は偏っておらず,信頼区間も統計的誤差の範囲内で正しい.一方,被説明変数のみが欠測している場合,リストワイズ除去による結果は偏っておらず,信頼区間も統計的誤差の範囲内で正しい.多重代入法 ($M = 5$) による結果も偏りはなく,信頼区間も統計的誤差の範囲内で正しい.

以上のとおり,被説明変数のみが欠測している場合,リストワイズ除去と多重代入法のパフォーマンスは,ほぼ同じである.これは,被説明変数の欠測は,リストワイズ除去によって対処できることを意味するが,説明変数の欠測についても,MAR の性質を利用した代入法により欠測データの偏りを改善できることを示している.

具体的に,(2.1) 式の X_i に欠測が発生しており,Y_i には欠測が発生していない場合,代入モデル (imputation model) を (2.2) 式として構成すれば,ω_0 と ω_1 の不偏推定量 (unbiased estimator) を用いて X_i の欠測値を予測することができる.

$$\hat{X_i} = \hat{\omega}_0 + \hat{\omega}_1 Y_i \tag{2.2}$$

代入モデルは,因果関係の構築を目指す分析モデル (analysis model) ではなく,あくまでも欠測値の予測を行うモデルであるため,Y_i と X_i のどちらを左辺に置いてもよいのである (King et al., 2001, p.51).代入後のデータに対して,(2.1) 式を用いて回帰分析を行う.

2.7 代入法の目的

代入法は,欠測セルの穴を埋めることにより欠測値を処理するが,欠測セルを埋めること自体が目的であると誤解されることがある.代入法にお

いて，欠測セルを埋めることは，手段であって目的ではない．分析の目的
によって，適切な代入法は異なってくる．次章以降で詳しく説明するが，
もし分析の目的が合計値（または平均値）を記述的に求めるだけであれ
ば，代入法としては確定的単一代入法 (deterministic single imputation)
で十分である．もし分析の目的がばらつき（分布）の記述であれば，代入
法は，確率的単一代入法 (stochastic single imputation) でよい．しかし，
分析の目的が標本から母集団への推定なら，使用すべき代入法は，多重代
入法である．

　なお，多重代入法では，平均値，分布，推定のすべての分析を行うこと
ができる．理論的には，多重代入法において，無限個の代入済みデータセ
ットに基づく平均値は，確定的単一代入法による平均値と一致する．さら
に，誤差項を追加することから，確率的単一代入法と同様に分布に関する
ばらつきの情報を適切に復元できる．また，標準誤差を適切に評価できる
ため，標本から母集団への推定を適切に行うことができる．すなわち，多
重代入法は，汎用的な欠測データの解析法といえる．

第 **3** 章

単一代入法

第2章で見たとおり，リストワイズ除去を用いた場合，効率性が下がるだけではなく，結果に偏りが発生することがある．欠測メカニズムがMARの場合，代入法によりこれらの問題を是正できることがわかっている (Little and Rubin, 2002).

従来，公的統計では，調査データの合計値（平均値）を集計することを主目的とし，分布や分散に関する分析を行うことは稀である．そこで，平均値の分析に関して不偏となる確定的単一代入法を用いることが通例となっている (de Waal et al., 2011, ch.7). 確定的単一代入法とは，代入モデルから得られた予測値によって欠測値を置き換え，誤差項を加えたり多重化したりしない手法のことである．本章の最後にて，誤差項を追加する確率的単一代入法についても扱う．

公的統計におけるデータエディティング[1](data editing) では，電話や郵送による照会，外部データによるコールドデック[2](cold deck)，論理的な処理を経た上でも埋めることができなかった欠測値を統計的に処理する．中でも，回帰代入法，比率代入法，平均値代入法，ホットデック法がよく用いられる（高橋，2017).

---

[1]エディティングとは，「誤記入や記入もれ，不明確な回答などがないかを1票ずつ確認し，『問題箇所』が見つかれば可能かつ妥当な範囲で修正して，入力すべき正確な回答（つまり正確なデータ）を確定する作業」である（轟・杉野，2013, p.131).

[2]コールドデックとは，信頼性の高い外部データを用いて，当該調査のデータの欠測値を埋める作業のことをいう.

表 3.1　データの例

country	gdp	freedom
コンゴ民主共和国	0.8	25
ジブチ	3.2	28
アンゴラ	7.0	24
インドネシア	11.1	65
中国	14.3	16
チリ	23.5	95
ラトビア	24.7	86
ギリシャ	26.4	83
日本	38.1	96
英国	41.5	95

出典：CIA(2016), Freedom House(2016)

注：灰色セルは無回答により欠測していることを表し，白抜き数字は本来得られるはず
の真値を表すものとする．変数 gdp の単位は 1,000 ドルである．

3.1　データ

本章では，簡単のため，表 3.1 の二変量データを用いて freedom の平
均値を算出することを目的とする．freedom の値は，100 が最も民主的，
0 が最も非民主的である．また，gdp の単位も，1,000 ドルとして定義し
直している．228 か国のデータから 10 か国を無作為に抽出し，gdp の昇
順に並べている．gdp が中央値以下の場合に 50% の確率で freedom の値
が欠測するように，MAR として設定している．

上記のデータを CSV ファイルで保持し，1.1 節で紹介したとおり
read.csv 関数によって R に読み込む．今回のデータは小規模なので，下
記のとおり，手作業でコンソール上に直接入力してもよい．この際に，コ
ンゴ民主共和国，ジブチ，インドネシアの freedom の値は欠測している
ので，NA と入力する．各変数は，c 関数を用いてベクトルとして入力す
る．変数 freedomTrue は，参考までに欠測していない freedom のデータ
を入力しているが，変数 gdp と変数 freedom を中心に使っていくので，
この 2 つの変数のみを data.frame 関数によってデータフレームとしてお
こう．

```
gdp<-c(0.8,3.2,7,11.1,14.3,23.5,24.7,26.4,38.1,41.5)
freedom<-c(NA,NA,24,NA,16,95,86,83,96,95)
freedomTrue<-c(25,28,24,65,16,95,86,83,96,95)
df1<-data.frame(freedom,gdp)
attach(df1)
```

mean 関数の引数 na.rm=TRUE は NA を remove, つまり欠測値を除外するという意味である. 変数 freedom の真の平均値 61.3 に対して, リストワイズ除去による平均値は 70.7 であり, 過大推定していることがわかる.

```
> mean(freedomTrue)
[1] 61.3
> mean(freedom,na.rm=TRUE)
[1] 70.71429
```

3.2 確定的回帰代入法

回帰代入法 (regression imputation) とは, 回帰モデルから算出した予測値を欠測値の代わりとするものである. 中でも, 本節で説明するものは, 確定的回帰代入法 (deterministic regression imputation) と呼ばれる. 変数 Y_i に欠測が発生しており, 変数 X_i は完全に観測されているとする. このとき, Y_i の欠測値は, (3.1) 式によって算出された予測値 $\hat{Y}_i$ によって代替される. この式は, 変数の名前が異なるだけで, 本質的に (2.2) 式と同じである.

$$\hat{Y}_i = \hat{\beta}_0 + \hat{\beta}_1 X_i \tag{3.1}$$

母集団モデルは, $Y_i = \beta_0 + \beta_1 X_i + \varepsilon_i$ である. 傾き β_1 と切片 β_0 の最小二乗法[3]による推定値は (3.2) 式と (3.3) 式のとおりである.

---

[3]最小二乗法 (OLS: ordinary least squares) とは, 被説明変数の実測値と回帰式から算出される予測値との差を二乗して足し上げたものが最小になるように回帰係数を求める手法である. 詳しくは, 森・黒田・足立 (2017, pp.1-37) を参照されたい. また, 行列形式の重回帰分析については, 8.1 節を参照されたい.

$$\hat{\beta}_1 = \frac{\sum (X_i - \bar{X})(Y_i - \bar{Y})}{\sum (X_i - \bar{X})^2} \qquad (3.2)$$

$$\hat{\beta}_0 = \bar{Y} - \hat{\beta}_1 \bar{X} \qquad (3.3)$$

表 3.1 のデータを用いて，具体的に回帰代入法を実行しよう．観測デー
タを用いて，最小二乗法 (OLS) によって (3.4) 式のパラメータ β_0 と β_1
の推定を行う．なお，観測データとは，リストワイズ除去済みデータの
ことを意味している．

$$\widehat{\mathrm{freedom}}_i = \hat{\beta}_0 + \hat{\beta}_1 \mathrm{gdp}_i \qquad (3.4)$$

R では，lm 関数によって推定することができる．ここで，2.6 節の議
論を思い出して欲しい．代入モデルにおいて左辺の変数が欠測している
場合，リストワイズ除去による $\hat{\beta}_0$ と $\hat{\beta}_1$ は不偏推定量である．表 3.1 の
データでは，$\hat{\beta}_0 = 10.375$，$\hat{\beta}_1 = 2.407$ と推定される．

```
> lm(freedom~gdp)
Call:
lm(formula = freedom ~ gdp)

Coefficients:
(Intercept)        gdp
     10.357      2.407
```

たとえば，コンゴ民主共和国の gdp の値は 0.8 なので，コンゴ民主共
和国の freedom の値は (3.5) 式のとおり，12.300 と予測される．ジブチ
とインドネシアの freedom の値も同様にして予測できる．

$$\mathrm{freedom}_1 = 10.375 + 2.407 \times 0.8 = 12.300 \qquad (3.5)$$

R パッケージ mice の mice 関数において，引数 meth= を norm.predict
と指定して実行することもできる (van Buuren, 2012, p.57). この場合，
引数 m= と maxit= は両方とも 1 とする．

```
> library(mice)
> imp<-mice(data=df1,meth="norm.predict",m=1,maxit=1)
> mean(with(imp,freedom)$analyses[[1]])
[1] 56.24303
```

表 3.2 回帰代入法によるデータ

country	gdp	freedom
コンゴ民主共和国	0.8	**12.3**
ジブチ	3.2	**18.1**
アンゴラ	7.0	24
インドネシア	11.1	**37.1**
中国	14.3	16
チリ	23.5	95
ラトビア	24.7	86
ギリシャ	26.4	83
日本	38.1	96
英国	41.5	95

表 3.2 は，代入値によって欠測値を置き換えた代入済みデータである．freedom の平均値は，56.243 と推定され，リストワイズ除去と比べて偏りが軽減している様子が示唆されている．

図 3.1 と図 3.2 は，以上の結果を図示したものである．○ は観測値を表し，× は欠測値の本来得られるはずの真値を表している．また，● は代入値を表している．真値× は回帰直線から少し離れた位置にあるが，代入値 ● は回帰直線の真上に位置している．この差が，欠測による不確実性に起因する誤差である．

回帰代入法によるパラメータ推定量は，ガウス・マルコフの仮定[4]と MAR の仮定の両方が満たされた場合，最良線形不偏推定量 (BLUE: best linear unbiased estimator) である．この場合，平均値（合計値）につい

---

[4] ガウス・マルコフの仮定 (Gauss-Markov assumptions) とは，下記の 5 つである．
1：母集団モデルにおいて，Y は X と ε に $Y = \beta_0 + \beta_1 X + \varepsilon$ としてパラメータに関して線形で関係していること（変数 X は非線形でも変数変換により対応できるが，パラメータ β_1 は非線形であってはならない）
2：母集団からサイズ n の標本を無作為抽出していること
3：X に変動があり，説明変数間に完全な線形関係がないこと
4：X を条件とした場合，誤差項 ε の期待値は 0 であること
5：X を条件とした場合，誤差項 ε の分散は均一であること
この 5 つの仮定の下で，最小二乗法 (OLS) による回帰係数は，母集団パラメータの最良線形不偏推定量である．詳しくは，Wooldridge(2009, pp.84-104) なども参照されたい．

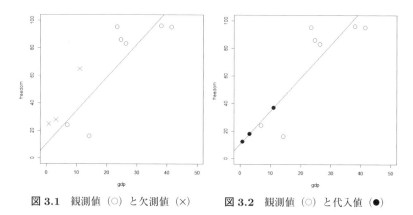

図 3.1 観測値（○）と欠測値（×）　　**図 3.2** 観測値（○）と代入値（●）

て高い精度が期待できる (de Waal et al., 2011, p.231). また, 重回帰モデルとして複数の補助変数を加えたり, 二乗項や三乗項を追加したり, 対数に変換したり, ロジスティックモデルなどを用いたりできる. ただし, ガウス・マルコフの仮定が満たされていないとき, 結果の正しさは保証されない.

3.3 比率代入法

　図 3.3 は, 事業所・企業を単位とし, 従業員数と給与総額の関係を表すシミュレーションデータである. 従業員数が 0 人の企業では, 給与総額は 0 ドルである. つまり, 切片は 0 である. また, 図 3.3 は扇型の傾向を示しており, 従業員数が増えるに従って, 給与総額のばらつきが大きくなっている.

　3.2 節の回帰代入法では, ガウス・マルコフの仮定が満たされていなければならなかった. しかし, 図 3.3 のような経済データでは, X を条件とした場合, 誤差項 ε の分散は均一となっておらず, ガウス・マルコフの仮定が満たされていない. これを不均一分散 (heteroskedasticity) の問題という. ここまでの議論を式に表すと, (3.6) 式のとおりである. 誤差項 ε の期待値は 0 だが, 分散は $\sigma^2 X_i^{2\theta}$ といった具合に X_i の値に比例して不均一である.

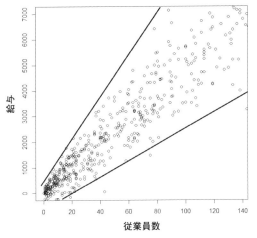

図 3.3 従業員数と給与（横軸の単位は人数，縦軸の単位は 1,000 ドル）

$$\begin{cases} Y_i = \beta_1 X_i + \varepsilon_i \\ \varepsilon_i \sim N(0, \sigma^2 X_i^{2\theta}) \end{cases} \tag{3.6}$$

母集団モデルが (3.6) 式のときに Y_i の平均値（または合計値）を算出するには，比率代入法 (ratio imputation) が適している．傾き β_1 の値は，$\theta = 0.5$ のとき (3.7) 式の「平均値の比率 (ratio of means)」によって，$\theta = 1.0$ のとき (3.8) 式の「比率の平均値 (mean of ratios)」によって計算すると，BLUE である．比率代入法の一般化および θ の推定方法について，詳細は，Takahashi et al.(2017) を参照されたい．比推定については，Royal(1970)，Cochran(1977, p.150-188)，土屋 (2009, pp.70-96) も参照されたい．

$$\hat{\beta}_1 = \frac{\sum Y_i/n}{\sum X_i/n} = \frac{\bar{Y}}{\bar{X}} \tag{3.7}$$

$$\hat{\beta}_1 = \frac{1}{n} \sum \frac{Y_i}{X_i} \tag{3.8}$$

なお，コールドデック法は，(3.6) 式において $\beta_1 = 1$ と仮定しているものである (Shao, 2000).

3.4　平均値代入法

平均値代入法 (mean imputation) は，観測データ部分における平均値 70.7 をそのまま代入値として採用するものである．一般的に，この種類の平均値代入法には，百害あって一利もないことが知られている（高橋・伊藤, 2013, pp.27-28; 高井・星野・野間, 2016, p.6）．しかし，説明変数の値が数量項目ではなく，質的なカテゴリーとして記録されている場合，回帰代入法や比率代入法を用いることができない．そこで，グループごとに平均値を求め，その値を代入値として採用するグループ平均値代入法 (group mean imputation) が用いられることがある (de Waal et al., 2011, pp.246-249)．単純な平均値代入法と比べて，グループ平均値代入法では，推定値が改善する場合がある．詳しくは，高橋 (2017, pp.68-69) を参照されたい．

3.5　ホットデック法

ホットデック法 (hot deck imputation) は，米国センサス局において開発されたノンパラメトリック[5](nonparametric) な代入法である (Scheuren, 2005, p.315; Enders, 2010, p.49)．ある回答者について，変数 1 の回答が欠測しており，変数 2 には回答があるとしよう．ホットデックでは，補助変数である変数 2 の情報を利用して，回答者から似通った値のものを選び出し，その選び出された回答者の変数 1 の値を代入値として採用する．ここで，欠測を伴っているユニット i のことをレシピエント (recipient) と呼び，代入値を提供するユニット d のことをドナー (donor) と呼ぶ．つまり，(3.9) 式のとおり，ユニット i の欠測値 Y_i をドナーの値 Y_d によって埋めるのである．

$$\hat{Y}_i = Y_d \tag{3.9}$$

---

[5]ノンパラメトリックな代入法とは，モデルを仮定しない代入法を意味する．一方，3.2 節の回帰代入法は，モデルを仮定するパラメトリック (parametric) な代入法である．

表 3.3 質的データの例

country	gdp	freedom
コンゴ民主共和国	0.8	0
ジブチ	3.2	0
アンゴラ	7.0	0
インドネシア	11.1	1
中国	14.3	0
チリ	23.5	1
ラトビア	24.7	1
ギリシャ	26.4	1
日本	38.1	1
英国	41.5	1

注：灰色セルは無回答により欠測していることを表し，白抜き数字は本来得られるはず
　の真値を表すものとする．変数 gdp の単位は 1,000 ドルである．

　このようなドナーによるホットデック手法は，数量項目にも質的項目に
も使用することができ，すべての項目が質的データの場合にも使用できる
(de Waal et al., 2011, p.249).

　表 3.3 にあるとおり，集計すべき項目 freedom が質的なデータだとし
よう．ここで，freedom = 0 は 0〜50，freedom = 1 は 51〜100 を表して
いるものとする．

　前述したとおり，補助変数の値が似ている国の値を代入値として用い
る．コンゴ共和国の gdp は 0.8 であり，表 3.3 の観測データの中では，ア
ンゴラが最も似ている．なお，ジブチの方が似ているが，freedom の値が
欠測しているので，候補とならない．したがって，コンゴ共和国の free-
dom の値として，アンゴラの freedom の値 0 を採用する．ジブチとイン
ドネシアについても，同様にドナーを探して欠測値を埋める．

　何をもって似ていると判定するかについては，さまざまな議論がある
(Enders, 2010, p.49; Cranmer and Gill, 2013, p.431). 実際のデータに
おいて適切なドナーを探すには，距離[6]関数を定義して最近隣法 (nearest

---

[6]距離 (distance) は，類似度と正反対の概念であり，距離が長いほど個体間の類似度が
　低いと判断する．詳しくは，岩崎 (2015, pp.117-118) を参照されたい．

neighbor) を用いることが多い. この手法は本質的にはマッチングと同
じである. ホットデック法とマッチングの詳細については, 岩崎 (2015,
pp.108-130) および栗原 (2015) も参考にされたい. また, ホットデック
法については, Andridge and Little(2010) が非常に詳しい.

　具体的には, R パッケージ HotDeckImputation の impute.NN_HD 関数
によって実行できる (Joenssen, 2015a, 2015b). 引数 distance=の右辺に
距離関数を指定する. 選択肢は, man（マンハッタン距離）, eukl（ユー
クリッド距離）, tscheb（チェビシェフ距離）, mahal（マハラノビス距
離）である. 変数 freedom の欠測値が 0 という値で代入されている.

```
> gdp<-c(0.8,3.2,7,11.1,14.3,23.5,24.7,26.4,38.1,41.5)
> freedom<-c(NA,NA,0,NA,0,1,1,1,1,1)
> df1<-data.frame(gdp,freedom)
> library(HotDeckImputation)
> impute.NN_HD(DATA=df1,distance="man")
    gdp freedom
1   0.8      0
2   3.2      0
3   7.0      0
4  11.1      0
5  14.3      0
6  23.5      1
7  24.7      1
8  26.4      1
9  38.1      1
10 41.5      1
```

3.6　確率的回帰代入法

　ここまで扱ってきた手法は, すべて確定的単一代入法である. 特に, 確
定的回帰代入法（3.2節）は, 変数 Y_i の欠測値を (3.1) 式によって算出さ
れた予測値 $\hat{Y}_i$ で代替するものであった. 傾き β_1 と切片 β_0 を最小二乗法
によって推定することで, 平均値（合計値）の不偏推定を行うことができ

表 **3.4** 確率的回帰代入法によるデータ

country	gdp	freedom
コンゴ民主共和国	0.8	**0.2**
ジブチ	3.2	**21.6**
アンゴラ	7.0	24
インドネシア	11.1	**67.9**
中国	14.3	16
チリ	23.5	95
ラトビア	24.7	86
ギリシャ	26.4	83
日本	38.1	96
英国	41.5	95

たが，データのばらつきを著しく損なうことになる．それは，図 3.2 に示
されていたとおり，代入値のすべてが回帰直線の真上に位置するからであ
る．

　本節では，確率的単一代入法の中でも特に確率的回帰代入法[7](stochastic
regression imputation) を扱う．回帰モデルにより予測値を算出し欠測値
の代わりとして使用する点は確定的回帰代入法と同じだが，確率的代入法
では，各々の代入値に無作為な乱数による誤差項を追加する．誤差項は，
「平均値 = 0，分散 = 回帰モデルの残差分散」の正規分布から無作為に抽
出する[8](Hu et al., 2001, p.15; Allison; 2002, p.29; de Waal et al., 2011,
p.259)．つまり，代入モデルは，(3.10) 式である．

$$\check{Y}_i = \hat{\beta}_0 + \hat{\beta}_1 X_i + e_i = \hat{Y}_i + e_i \tag{3.10}$$

　$\hat{Y}_i = \hat{\beta}_0 + \hat{\beta}_1 X_i$ を算出し，残差 $\hat{u}_i = Y_i - \hat{Y}_i$ を算出する．残差分散を
利用して，誤差項 $e_i \sim N(0, \sigma_{\hat{u}_i}^2)$ を発生させ，$\check{Y}_i = \hat{Y}_i + e_i$ を代入値とす

---

[7]撹乱的回帰代入法 (random regression imputation) ともいう.

[8]他にも，「平均値を 0 とし，観測データから得られた分散を用いた正規乱数を用いる
　方法」や「平均値を 0 とし，補助変数の値が似通っている観測値の残差を用いる方
　法」がある.

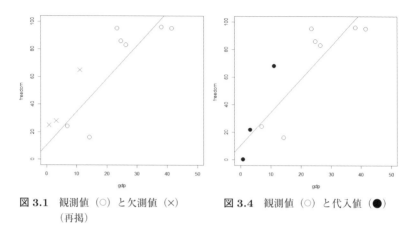

図 3.1　観測値（○）と欠測値（×）
（再掲）

図 3.4　観測値（○）と代入値（●）

る．ここで，$\sigma_{\hat{u}_i}^2$ は，残差 $\hat{u}_i$ の分散である．

　R パッケージ mice の mice 関数において，引数 meth=を norm.nob と指定して実行できる (van Buuren, 2012, p.57)．この場合，引数 m=と maxit=は両方とも 1 とする．乱数を用いるため，引数 seed=の右辺にシード値を指定する．

```
gdp<-c(0.8,3.2,7,11.1,14.3,23.5,24.7,26.4,38.1,41.5)
freedom<-c(NA,NA,24,NA,16,95,86,83,96,95)
df1<-data.frame(freedom,gdp)
attach(df1)
library(mice)
imp<-mice(data=df1,meth="norm.nob",m=1,maxit=1,seed=1)

> mean(with(imp,freedom)$analyses[[1]])
[1] 63.38376
> sd(with(imp,freedom)$analyses[[1]])
[1] 30.99035
```

　表3.4 は，確率的回帰代入法の代入値によって欠測値を置き換えた代入済みデータである．

　図3.4 は，以上の結果を図示したものである．確定的代入法とは異なり，●は回帰線の真上に位置していない．真値×と必ずしも一致するわ

けではないが，このばらつきによって，代入値の分布の復元を図ってい
る.

第 **4** 章

多重代入法の概要

　ここまで述べてきたとおり，MAR の欠測による偏りは，代入法によって是正できる．しかし，代入によって個々の値が完全に復元されるわけではない．代入法の目的は，個別の値の完全復元ではなく，母集団パラメータの推定にある．そのためには，欠測値を代入法によって処理したことに関して，誤差を適切に評価しなければならない．

　ここまで説明してきた単一代入法では，この目的を達成することはできず，この問題を解決する方法として Rubin(1978, 1987) によって多重代入法が提案された．本章では，多重代入法の基本的な事項について概略を説明する．なお，多重代入法の歴史については，Scheuren(2005) に詳しい．

4.1　単一代入法の実態

　第3章では，単一代入法の中でも確定的回帰代入法，比率代入法，平均値代入法，ホットデック法，確率的回帰代入法を説明した．これらは，すべて単一代入法という同じ枠組みではあるが，代入モデルが異なっている．表 4.1 には，確定的回帰代入法，確率的回帰代入法，平均値代入法により算出した代入値を掲載している．

　ここからわかるとおり，使用する代入モデルに応じて，当然のことながら代入値は変化する．これは，代入が予測行為であるため，前提としたモデルに応じて予測値が変化するからである．すなわち，たとえ単一代入法

表 **4.1** 単一代入法による代入済みデータ (freedom)

country	確定的回帰代入法	確率的回帰代入法	平均値代入法
コンゴ民主共和国	**12.3**	**0.2**	**70.7**
ジブチ	**18.1**	**21.6**	**70.7**
アンゴラ	24	24	24
インドネシア	**37.1**	**67.9**	**70.7**
中国	16	16	16
チリ	95	95	95
ラトビア	86	86	86
ギリシャ	83	83	83
日本	96	96	96
英国	95	95	95

であっても，実際には代入値は1つの値に定まったわけではなく，算出された1つの代入値の背後にはさまざまな可能性が隠れているのである．ここから，欠測値を代入するには，この潜在的な不確実性を反映させるために，複数の値を算出する必要があると直感的にわかるだろう．

4.2 ベイズ統計学概論

Rubin(1987) は，ベイズ統計学の枠組みを用いて多重代入法の理論を構築した．現在，さまざまな派生形の多重代入法アルゴリズムが並存しているが，いずれも，ベイズ統計学の精神に基づいて構築された手法である．よって，多重代入法の話題に入る前に，ベイズ統計学の基礎的な事項に触れておく（高橋・伊藤, 2014, pp.75-78）．

確率の解釈方法として，頻度的解釈と主観的解釈の2種類がある．頻度論 (frequentism) における確率とは，長期的に繰り返し行われた試行の結果として，極限における相対頻度と解釈される．一方，主観的確率 (subjective probability) とは，信念の度合いとも呼ばれ，確率は，さまざまな状況下に応じて個人的に定義される（Gill, 2008; 矢野, 2012）．ベイズ統計学において，主観的確率は，後述する事前分布 (prior distribution) という形で重要性を持つ．

新しい情報を入手するたびに確率を更新することこそが，ベイズ統計学

の基本的なメカニズムであり，データから学んで信念を更新するプロセス
を定式化している．そのために，ベイズ統計学では，「条件付け」という
概念が重要な役割を果たす．もし事象 B が発生するかしないかによって，
事象 A の発生確率が影響を受けるとしたら，A は B を条件としていると
いえる．たとえば，飲酒することによって交通事故を起こす確率が影響
を受けることは容易に想像できる．この場合，飲酒（事象 B）によって，
交通事故（事象 A）の発生確率が影響を受けるので，交通事故は飲酒を
条件としているといえる．ベイズの定理 (Bayes' theorem) は (4.1) 式で
あり，(4.2) 式の条件付き確率 (conditional probability) から導出できる
(Maddala, 2001; DeGroot and Schervish, 2002).

$$Pr(A|B) = \frac{Pr(B|A) \times Pr(A)}{Pr(B)} \tag{4.1}$$

$$Pr(B|A) = \frac{Pr(A \cap B)}{Pr(A)} \tag{4.2}$$

　$Pr(A) = Pr(B)$ のように周辺確率が一致している特殊な場合を除く
と，一般的に $Pr(A|B) \neq Pr(B|A)$ であるが，この2つを混同する例は
多い．たとえば，「被告人が無罪の場合に証拠が見つかる確率」を
$Pr(証拠 | 無罪)$ として計算し，それを「証拠が見つかった場合に被告人
が無罪の確率」である $Pr(無罪 | 証拠)$ として解釈することを検察官の誤
謬 (prosecutor's fallacy) という（スコルプスキ・ワイナー・高橋, 2016,
p.71）．

　このように，ベイズ統計学は条件付き確率と密接な関係にあるが，ベ
イズの定理と条件付き確率の違いは事前分布という概念の存在にある．
ベイズ統計学では，データを観察する前の「確率的に記述されるべき数
値」のことを事前分布と呼び，データを観察した後の「確率的に記述され
るべき数値」のことを事後分布 (posterior distribution) と呼ぶ．ベイズ統
計学における情報更新の手法は，(4.1) 式のベイズの定理を用いて行われる．
この式の構成要素にはそれぞれ名称があり，右辺の $Pr(B|A)$ を尤度[1]，

---

[1] 尤度 (likelihood) とは，「ゆうど」と読み，観測データが与えられたときの母集団パラ
メータの尤もらしさ（もっともらしさ）の度合いを表す概念である（阿部, 2016, p.62）．

$Pr(A)$ を事前分布，$Pr(B)$ を規格化定数と呼び，左辺の $Pr(A|B)$ を事後分布と呼ぶ（矢野, 2012; 小暮, 2013）．このように，ベイズの定理は，事前分布と尤度の両方を考慮に入れたものである．

　現実の分析では，多くの場合，事前分布ははっきりとしていないことも多い．事前分布をどのように設定するべきかは，ベイズ統計学において大きな議論の対象となるところだが（岩崎, 2002, pp.88-89; Congdon, 2006, pp.3-5; Gill, 2008, pp.135-185），母集団パラメータに関する知識が欠けている場合には，無情報事前分布 (noninformative prior) という形で対処することもできる (Enders, 2010, p.166)．また，実際の分析では，事前分布自体が統計モデルの構成要素と考えられ，パラメータの特性に関する仮説の 1 つとして，モデル作成のプロセスにおいて，どのような事前分布が妥当であるかを検討する必要がある (Kennedy, 2003, p.239)．先行文献を研究したり，経験則を考慮したり，論理的に導出するなど，データを集める前から信じられている事柄を事前分布として分析に活用する．

4.3　多重代入モデルの概要

　理論的には，多重代入法とは，欠測データの分布から独立かつ無作為に抽出された M 個 $(M > 1)$ のシミュレーション値によって欠測値を置き換えるものである．M 個のシミュレーション値によって，欠測データの不確実性を反映させることで，標準誤差を妥当なものとすることができ，妥当な統計的推測を行うことができるようになる．

　しかし，実際には，欠測データは観測されず，欠測データの分布も観測できない．代わりに，MAR（または MCAR）を仮定し，観測データを条件として欠測データの事後予測分布 (posterior predictive distribution) を構築して，そこから独立かつ無作為な抽出を実行する (Rubin, 1987, p.75; King et al., 2001, pp.53-54; Carpenter and Kenward, 2013, pp.38-39)．具体的な実行方法は，第 5 章にて扱う．

　最もベーシックな代入モデルは (4.3) 式の回帰式であり，ここで $m = 1, \ldots, M$ である．$\tilde{Y}_i$ は (4.3) 式より算出したシミュレーション値であり，

チルダ~は適切な事後分布からの無作為抽出を表す．また，β は回帰係数，ε は根本的（根源的）な不確実性を表す（高橋・伊藤，2014, p.44）．この ε は，確率的単一代入法の場合と同じく，乱数に基づいて誤差を反映させるものである．

$$\tilde{Y}_{i,m} = \tilde{\beta}_{0,m} + \tilde{\beta}_{1,m} X_i + \tilde{\varepsilon}_{i,m} \tag{4.3}$$

$M = 5$ の多重代入法の場合，代入モデルは (4.4) 式のとおりであり，欠測データの事後予測分布からの無作為抽出というステップが間に入っているため，代入 $1 \sim M$ までの複数の回帰係数が得られる．

$$\begin{cases} \tilde{Y}_{i,1} = \tilde{\beta}_{0,1} + \tilde{\beta}_{1,1} X_i + \tilde{\varepsilon}_{i,1} \\ \tilde{Y}_{i,2} = \tilde{\beta}_{0,2} + \tilde{\beta}_{1,2} X_i + \tilde{\varepsilon}_{i,2} \\ \tilde{Y}_{i,3} = \tilde{\beta}_{0,3} + \tilde{\beta}_{1,3} X_i + \tilde{\varepsilon}_{i,3} \\ \tilde{Y}_{i,4} = \tilde{\beta}_{0,4} + \tilde{\beta}_{1,4} X_i + \tilde{\varepsilon}_{i,4} \\ \tilde{Y}_{i,5} = \tilde{\beta}_{0,5} + \tilde{\beta}_{1,5} X_i + \tilde{\varepsilon}_{i,5} \end{cases} \tag{4.4}$$

図 4.1 は，観測データをもとに多重代入法により算出した 5 本の回帰直線（代入モデル）を示している．つまり，$M = 5$ の多重代入法のモデルである．複数の回帰直線が図示されており，この複数の回帰係数 $\tilde{\beta}_{0,m}$ と $\tilde{\beta}_{1,m}$ によって，推定不確実性を反映させる．もし，推定が確実ならば，すべてのモデルが同一の直線を描き出すことになる．すなわち，多重代入法とは，回帰パラメータの推定に関するばらつきと個別の値のばらつきの両方を同時に考慮した手法である．

　ガウス・マルコフの仮定と MAR の仮定がすべて満たされた場合，多重代入法によるパラメータ推定量は最良線形不偏推定量 (BLUE) である[2]．

---

[2]誤差項の不均一分散が問題となる場合は，Takahashi(2017a, 2017b) によって提唱されている多重比率代入法 (multiple ratio imputation) を使うとよい．

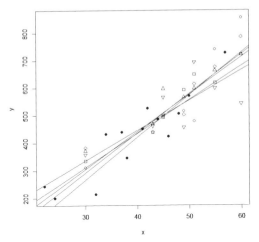

図 4.1 多重代入法により算出した 5 本の回帰直線(● は観測値, ○, □, ◇, △, ▽ は
1~5 回目の代入値)

4.4 多重代入法による代入結果の例

表 4.2 は,多重代入法の結果である.簡単のため,多重代入済みデータ
数 M は 3 個に制限している.

表 4.2 を見ると,コンゴ共和国の代入値は,「31.1, 23.0, 28.3」となっ
ており,代入を行うたびに異なった値を算出していることがわかる.代入
法では,gdp から freedom の値を予測しており,事実が判明したわけで
はない.これらの代入値のばらつきの大きさは,未知の欠測値に対する代
入モデルの不確実性を示している.

代入済みデータにおける全体の変動は,代入間分散 (between-imputa-
tion variance) と代入内分散 (within-imputation variance) に分解するこ
とができる.これは,ちょうど,一元配置の分散分析におけるデータ全体
の変動が,要因変動と誤差変動に分解できることと似ている.

欠測値を代入したことで,freedom の平均値も 61.9, 59.4, 61.6 とし
て変動しており,これら 3 つの値の分散を var 関数によって var(means)
として計算すると,1.86 となる.これが代入間分散であり,欠測値を予
測した結果,freedom の平均値がどれだけばらついているかを表す指標と

表 **4.2** 多重代入法による代入済みデータの例 ($M = 3$)

country	gdp	freedom	代入 1	代入 2	代入 3
コンゴ民主共和国	0.8	25	**31.1**	**23.0**	**28.3**
ジブチ	3.2	28	**32.9**	**35.4**	**32.0**
アンゴラ	7.0	24	24	24	24
インドネシア	11.1	65	**59.8**	**40.3**	**60.6**
中国	14.3	16	16	16	16
チリ	23.5	95	95	95	95
ラトビア	24.7	86	86	86	86
ギリシャ	26.4	83	83	83	83
日本	38.1	96	96	96	96
英国	41.5	95	95	95	95
$\bar{y}$	19.1	70.7	61.9	59.4	61.6

注：灰色セルは無回答により欠測していることを表し，白抜き数字は本来得られるはずの真値を表すものとする．太字は代入値を表す．$\bar{y}$ は平均値を表す．gdp の単位は 1,000 ドルである．freedom の真の平均値は 61.3 である．

なる (Honaker et al., 2011, p.23)．代入モデルの精度が高い場合，代入 1 ～ M までの代入値はほぼ同じ値となり，代入間分散も小さくなる．一方，代入モデルの精度が低い場合，代入 1～M までの代入値は非常に異なった値となり，代入間分散も大きくなる．

```
> means<-c(61.9,59.4,61.6)
> var(means)
[1] 1.863333
```

また，代入 1 データにおける freedom の分散 var(imp1) は 1079.70，代入 2 データにおける freedom の分散 var(imp2) は 1171.25，代入 3 データにおける freedom の分散 var(imp3) は 1105.22 である．これが代入内分散であり，freedom という変数自体にどれだけのばらつきがあるかを表す．確率的代入法が捉えていたのは，この部分だけである．

```
> imp1<-c(31.1,32.9,24,59.8,16,95,86,83,96,95)
> imp2<-c(23.0,35.4,24,40.3,16,95,86,83,96,95)
> imp3<-c(28.3,32.0,24,60.6,16,95,86,83,96,95)
```

```
> var(imp1)
[1] 1079.702
> var(imp2)
[1] 1171.253
> var(imp3)
[1] 1105.219
```

4.5 多重代入法による分析の流れ

図 4.2 は，$M = 5$ の多重代入法を概念的に図示したものである (Enders, 2010, p.188; Honaker et al., 2011, p.4; van Buuren and Groothuis-Oudshoorn, 2011, p.5). まず，代入ステージでは，欠測データの事後予測分布を構築することにより，5 つの代入済みデータを生成する．分析ステージでは，それぞれのデータセットを別々に使用して統計分析を行う．統合ステージでは，Rubin(1987) の手法により複数の結果を 1 つに統合し，最終結果とする．

ここで注意すべきは，代入済みデータを 1 つに統合してから統計分析を行ってはならない点である．そのようにしてしまうと，本質的に単一代入法と同じ分析になってしまうからである．

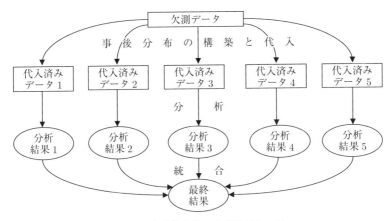

図 4.2 多重代入法の模式図 ($M = 5$)

4.6　多重代入法による分析結果の統合方法

　図 4.2 で示したとおり，多重代入法により生成した M 個の代入済み
データセットを別々に使用して，t 検定や回帰分析などの統計分析を行
い，推定値を統合し，点推定値を算出する．本節では，統合方法を説明す
る．

　$\tilde{\theta}_m$ をパラメータ θ の m 番目の代入済みデータセットに基づいた推定
値とする．統合した点推定値 $\bar{\theta}_M$ は，(4.5) 式のとおりである．これは，
$\tilde{\theta}_m$ の単純な算術平均である．

$$\bar{\theta}_M = \frac{1}{M} \sum_{m=1}^{M} \tilde{\theta}_m \tag{4.5}$$

　また，前述したとおり，多重代入法による代入値の分散は 2 つの部分
から成り立つ．代入内分散の平均 $\bar{W}_M$ は，(4.6) 式のとおりである．こ
れも，$\tilde{\theta}_m$ の分散 $var(\tilde{\theta}_m)$ の推定値の単純な算術平均である．代入内分散
は，通常の統計的な変動（ばらつき）の指標と同じである．

$$\bar{W}_M = \frac{1}{M} \sum_{m=1}^{M} var(\tilde{\theta}_m) \tag{4.6}$$

　代入間分散の平均 $\bar{B}_M$ は，(4.7) 式のとおりである．$\bar{\theta}_M$ を算出する際
に自由度を 1 つ失っているため，$\bar{B}_M$ の算出では $M-1$ によって自由度
を調整している．代入間分散は，標本データ内の値が欠測しているという
事実を考慮したものである．

$$\bar{B}_M = \frac{1}{M-1} \sum_{m=1}^{M} (\tilde{\theta}_m - \bar{\theta}_M)^2 \tag{4.7}$$

　$\bar{\theta}_M$ の分散 T_M は，(4.8) 式のとおりであり，代入内分散 $\bar{W}_M$ と代入間
分散 $\bar{B}_M$ を合算して，両方を考慮に入れたものである (King et al., 2001,
p.53; Marshall et al., 2009; Carpenter and Kenward, 2013, pp.39-40;
Raghunathan, 2016, p.78). ここで，$(1 + 1/M)$ は，有限のサイズの M

による影響を調整している[3]. すなわち, $\bar{B}_M/M$ は, (4.5) 式が有限のサイズの M に基づいているために起きるシミュレーションエラーである.

$$T_M = \bar{W}_M + \left(1 + \frac{1}{M}\right) \bar{B}_M \tag{4.8}$$

Marshall et al.(2009) によると, 標本平均, 標準偏差, 回帰係数は, 分布が正規であるため, (4.5) 式によって統合することができる. これらにまつわる標準誤差は (4.8) 式によって統合することができる. この方法を Rubin(1987) のルールという. しかし, R^2 (決定係数: coefficient of determination) は, 分布が正規ではないため, (4.5) 式によって統合できない. そこで, フィッシャーの z 変換 (Fisher z transformation) を用いた上で統合する方法が提案されている (Harel, 2009; van Buuren, 2012, p.156). この方法を Harel(2009) のルールと呼ぼう. Harel(2009) のルールでは, (4.9) 式のとおり m 番目の決定係数 R_m^2 の平方根を取って相関係数 r_m とし, (4.10) 式のとおりフィッシャーの z 変換を適用し, (4.11) 式を用いて統合し, (4.12) 式によって相関係数に再変換し, (4.13) 式によって決定係数 $\bar{R}_M^2$ に再変換するものである (Enders, 2010, p.220; van Buuren, 2012, p.156). なお, (4.13) 式の $\bar{R}_M^2$ は, 自由度修正済み決定係数ではなく, M 個の決定係数を統合したものを表している.

$$r_m = \sqrt{R_m^2} \tag{4.9}$$

$$z_m = \frac{1}{2} \log\left(\frac{1 + r_m}{1 - r_m}\right) \tag{4.10}$$

$$\bar{z}_M = \frac{1}{M} \sum_{m=1}^{M} z_m \tag{4.11}$$

$$\bar{r}_M = \frac{e^{2\bar{z}_M} - 1}{e^{2\bar{z}_M} + 1} \tag{4.12}$$

$$\bar{R}_M^2 = \bar{r}_M^2 \tag{4.13}$$

---

[3]もし M が無限大であれば, $\displaystyle\lim_{M \to \infty} \left(1 + \frac{1}{M}\right) \bar{B}_M = \bar{B}_M$ である.

表 4.3 多重代入済みデータを用いた回帰分析の例 $(M = 3)$

	代入 1 モデル	代入 2 モデル	代入 3 モデル
切片	−3.515 (5.530)	−2.387 (4.731)	−3.252 (5.386)
傾き	0.365 (0.080)	0.361 (0.070)	0.362 (0.078)
R^2	0.723	0.770	0.730
n	10	10	10

注：( ) 内は標準誤差である.

4.7 多重代入法による分析結果の統合方法の数値例

表 4.2 のデータを用いて，freedom を説明変数とし，gdp を被説明変数とする単回帰モデルを構築した．結果は表 4.3 のとおりである．ここで，代入 1 モデル，代入 2 モデル，代入 3 モデルは，それぞれ代入 1 データ，代入 2 データ，代入 3 データを用いた回帰分析の結果である．本節では，数値例を用いて前節で説明した分析結果の統合方法を解説する．実際の統合作業は，手作業で行う必要はなく，R で処理できる．R を用いた分析方法は，第 8 章にて扱う．

(4.5) 式を用いれば，統合モデルの切片は $(-3.515 - 2.387 - 3.252)/3 \approx -3.051$ であり，統合モデルの傾きは $(0.365 + 0.361 + 0.362)/3 \approx 0.363$ である．統合モデルの傾き 0.363 に対応する標準誤差は以下のとおり求められる（切片の標準誤差も同様の手順で求められる）．まず，(4.6) 式に各々の回帰係数の分散を入力し，$\bar{W}_M$ を算出する．ここで，回帰係数の分散は標準誤差の二乗であることに注意する．具体的には，(4.14) 式のとおりである．

$$\bar{W}_M = \frac{0.080^2 + 0.070^2 + 0.078^2}{3} \approx 0.00579 \qquad (4.14)$$

次に，(4.7) 式に各々の回帰係数と先ほど求めた統合後の回帰係数の点推定値 0.363 との差の二乗和を入力する．具体的には，(4.15) 式のとおりである．

$$\bar{B}_M = \frac{(0.365 - 0.363)^2 + (0.361 - 0.363)^2 + (0.362 - 0.363)^2}{3 - 1}$$

$$\approx 0.0000045 \tag{4.15}$$

最後に，$\bar{W}_M$ の値と $\bar{B}_M$ の値を (4.8) 式に入力する．T_M は回帰係数の分散なので，平方根を求めれば，回帰係数の標準誤差を算出できる．具体的には，(4.16) 式のとおりである．

$$\sqrt{T_M} = \sqrt{0.00579 + \left(1 + \frac{1}{3}\right) 0.0000045} = \sqrt{0.005796} \approx 0.076 \tag{4.16}$$

決定係数 R^2 を統合するには，まず (4.9) 式を用いて，それぞれの決定係数を相関係数に変換する．具体的には，(4.17) 式のとおりである．

$$\begin{cases} r_1 = \sqrt{0.723} = 0.8503 \\ r_2 = \sqrt{0.770} = 0.8775 \\ r_3 = \sqrt{0.730} = 0.8544 \end{cases} \tag{4.17}$$

次に，(4.10) 式を用いてフィッシャーの z 変換を適用する．具体的には，(4.18) 式のとおりである．

$$\begin{cases} z_1 = \frac{1}{2} \log \left(\frac{1+0.8503}{1-0.8503} \right) = 1.2572 \\ z_2 = \frac{1}{2} \log \left(\frac{1+0.8775}{1-0.8775} \right) = 1.3648 \\ z_3 = \frac{1}{2} \log \left(\frac{1+0.8544}{1-0.8544} \right) = 1.2722 \end{cases} \tag{4.18}$$

そして，3つの値を (4.11) 式によって統合し，(4.12) 式によって相関係数に再変換し，(4.13) 式のとおり二乗すればよい．具体的には，(4.19) 式，(4.20) 式，(4.21) 式のとおりである．

$$\bar{z}_M = \frac{1.2572 + 1.3648 + 1.2722}{3} = 1.2981 \tag{4.19}$$

$$\bar{r}_M = \left(\frac{e^{2 \times 1.2981} - 1}{e^{2 \times 1.2981} + 1} \right) = 0.8612 \tag{4.20}$$

$$\bar{R}_M^2 = (0.8612)^2 \approx 0.742 \tag{4.21}$$

表 **4.4**　回帰分析の統合結果の例

	統合モデル
切片	−3.051 (5.271)
傾き	0.363 (0.076)
R^2	0.742
n	10

注：( ) 内は標準誤差である．

　表 4.4 は，Rubin(1987) のルールと Harel(2009) のルールによって統合
した分析結果である．論文などで分析結果を報告する際には，表 4.4 の結
果を掲載すればよい．

4.8　多重代入法の諸条件

　多重代入法は，単一代入法と比べて汎用性が高く，精度の高い分析結果
を期待できるが，本節で説明する条件を満たしている必要がある．

4.8.1　適切な多重代入法

　$\mathbf{D}_{\mathrm{obs}}$ を観測データ，$\mathbf{D}_{\mathrm{mis}}$ を欠測データ，すなわち，$\mathbf{D} = \{\mathbf{D}_{\mathrm{obs}}, \mathbf{D}_{\mathrm{mis}}\}$
としたとき，代入値が，観測データを条件とした欠測値の事後予測分布
$Pr(\mathbf{D}_{\mathrm{mis}}|\mathbf{D}_{\mathrm{obs}})$ から独立に生成されたものであれば，代入法はベイズ的
に適切 (Bayesianly proper) といわれる．これは，複数の代入値を生成す
る過程で，連続して隣り合った代入値同士には相関があるため，そのよう
な値を採用することが不適切であることを意味している (Schafer, 1997,
pp.105-106)．

　具体的な多重代入法のアルゴリズムについては次章で導入するが，マル
コフ連鎖モンテカルロ法 (MCMC: Markov chain Monte Carlo) に基づく
手法においては，特に重要な問題である．代入間の繰り返しをどれだけ行
えば収束するかについては，さまざまな要素が働くが，特に重要なものは
欠測情報の比率とされる (Schafer, 1997, p.84; van Buuren, 2012, p.113)．
適切な多重代入法 (proper multiple imputation) でなければ，統計的推測

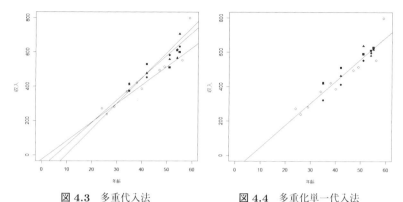

図 4.3　多重代入法　　　　**図 4.4**　多重化単一代入法

注：○ は観測値，■，●，▲ は，それぞれ 1〜3 回目の代入値を表す（出典：高橋・阿部・野呂，2015, p.55）.

の結果が妥当なものとならないおそれがある.

　ここで特に問題となるのは，第 3 章で導入した確率的単一代入法を単純に複数回繰り返しただけのものである．これは，上記の意味で，不適切な多重代入法 (improper multiple imputation) である．不適切な多重代入法による名目 95% の信頼区間は，名目どおりのパフォーマンスを達成できないことがわかっている (Takahashi, 2017c).

　図 4.3 と図 4.4 から明らかなように，多重代入法では，複数の回帰モデルにより回帰係数の安定性を評価できるが，確率的単一代入法を複数回実行した場合，回帰モデルは 1 つだけであり，回帰係数の安定性を評価できない．図 4.4 は不適切な多重代入法である．すなわち，適切な多重代入法とは，単一代入法を複数回実行したものではなく，欠測データの事後予測分布から無作為抽出したパラメータ推定値を用いたシミュレーションである（高橋・阿部・野呂，2015, pp.54-55）．これについては，van Buuren(2012, p.55) も合わせて参照されたい.

4.8.2　適合性

　代入モデルと分析モデルが同一の変数を持ち，同じ数のパラメータを推定する場合，2 つのモデルには適合性（congeniality：融和性）があるという．もし代入モデルと分析モデルが適合していない場合，理論的に

は多重代入法のパラメータ推定値の一致性[4](consistency) は保証されない
(Enders, 2010, p.227; 阿部, 2016, p.118; 高井・星野・野間, 2016, p.123;
Raghunathan, 2016, pp.175-177).

　代入モデルが分析モデルと適合していない状況は，大きく分けて以下の
2 通りが考えられる．1 つ目は，代入モデルが (4.22) 式であり，分析モデ
ルが (4.23) 式である．2 つ目は，代入モデルが (4.23) 式であり，分析モ
デルが (4.22) 式である．ここで，変数 X_{1i} に欠測が発生しており，Y_i と
X_{2i} は完全データであるとしよう[5].

$$Y_i = \beta_0 + \beta_1 X_{1i} + \beta_2 X_{2i} + \varepsilon_i \tag{4.22}$$

$$Y_i = \beta_0 + \beta_1 X_{1i} + \varepsilon_i \tag{4.23}$$

　1 つ目の場合のように，代入モデルが分析モデルを内包する場合，厳密
には代入モデルと分析モデルは適合していないものの，多重代入法の精度
に問題は発生しない．2 つ目の場合のように，分析モデルが代入モデルを
内包する場合，代入法による推定はリストワイズ除去よりも悪い結果とな
るおそれがある．すなわち，代入モデルよりも大きな分析モデルを用いて
はならない (Enders, 2010, pp.228-229; Carpenter and Kenward, 2013,
pp.64-65). 詳しくは，高橋 (2017, pp.76-77) を参照されたい.

　このように，適合性の問題があるため，分析モデルにおいて被説明変
数となるべき変数は，必ず代入モデルに含めなければならない (Graham,
2009, p.559; Raghunathan, 2016, pp.99-103).

4.8.3　多重代入済みデータ数 M

　Rubin(1987, p.114) は，相対効率 (RE: relative efficiency) を (4.24) 式
として定義した．ここで，γ（ガンマ）は，パラメータ θ に関する欠測情

---

[4] 標本サイズが大きくなるにつれて，推定量が真のパラメータに確率収束するものを一
　致推定量という.
[5] 厳密には，代入モデルは，$\hat{X}_{1i} = \hat{\omega}_0 + \hat{\omega}_1 Y_i$ または $\hat{X}_{1i} = \hat{\omega}_0 + \hat{\omega}_1 Y_i + \hat{\omega}_2 X_{2i}$ であ
　る.

報の比率であるが，詳しくは 7.2.2 項にて述べる．ここでは，大まかに欠
測率と考えて欲しい．相対効率は，M が無限大の場合と比較して，M が
有限だった場合に，どれだけ効率的かを表している．

$$\mathrm{RE} = \left(1 + \frac{\gamma}{M}\right)^{-\frac{1}{2}} \tag{4.24}$$

たとえば，欠測情報の比率が 0.3 の場合，$M = \infty$ と比較して，$M = 5$
の多重代入法における標準誤差は，$\sqrt{1 + 0.3/5} = 1.030$ であり，約 1.03
倍，つまりわずか 3% 大きいだけである (Enders, 2010, p.213)．ゆえに，
かつては $M = 5$ 程度で十分とされてきた (Schafer, 1999, p.7; King et
al., 2001, p.56; Allison, 2002, p.50)．

しかし，近年の研究では，M を増加させる方が望ましいとされてい
る．Hershberger and Fisher(2003) は，M 自体を推定すべき要因とし，
M を非常に大きな値に設定すべきと主張している．Graham et al.(2007)
は，M を小さくした場合，効率性は落ちないながらも検出力 (power) に
大きな影響が出るとしている．Bodner(2008) は，必要なデータ数 M は
欠測率と有意水準に応じて変更するべきであることを示した．

あらゆるシミュレーション研究に共通することだが，繰り返し回数は多
ければ多いほどシミュレーションエラーが減る．(4.8) 式において分散を
統合した際に，$(1 + 1/M)$ によって調整を行っていた．$\bar{B}_M/M$ は，多重
代入法におけるシミュレーションエラーである．したがって，このシミュ
レーションエラーをできるだけ小さくするためには，M は大きければ大
きいほどよい．コンピュータの性能が飛躍的に向上した今日では，M を
100 程度に設定すればよいだろう．

第 5 章

多重代入法のアルゴリズム

　図4.2に示したとおり，多重代入法による統計分析は，代入ステージ，分析ステージ，統合ステージの3つから構成されている．前章では，具体的にどうやって複数の代入を行うかについては深く説明せず，この3つのステージを概観した．前述したとおり，代入ステージでは，欠測データの事後予測分布を構築することにより複数の代入済みデータを生成するが，伝統的な解析手法では，事後予測分布から十分統計量の無作為抽出を実行することは難しい (Allison, 2002, p.33; Honaker and King, 2010, p.564)．この問題を解決するために，3つのアルゴリズムが提唱されている．

5.1　データ

　引き続き，経済発展と民主主義に関するデータを用いる．使用するデータは，第3章で用いた表3.1と同じである．以下のとおり，Rに読み込む．

```
gdp<-c(0.8,3.2,7,11.1,14.3,23.5,24.7,26.4,38.1,41.5)
freedom<-c(NA,NA,24,NA,16,95,86,83,96,95)
df1<-data.frame(freedom,gdp)
attach(df1)
```

5.2 DA アルゴリズムによる多重代入法

データ拡大法 (DA: data augmentation) は,マルコフ連鎖モンテカルロ法 (MCMC) に基づく多重代入法の伝統的なアルゴリズムである.DAアルゴリズムは,前期までの値を条件としてパラメータ推定値を繰り返し置き換えることで,マルコフ連鎖と呼ばれる確率過程を形成し,パラメータ推定値を改善する (Gill, 2008, p.379).

DA アルゴリズムの基本的なメカニズムは以下のとおりである (Schafer, 1997, p.72). (5.1) 式は,代入ステップ (imputation step) といい,観測値 Y_{obs} と繰り返し時点 t におけるパラメータ値 $\theta^{(t)}$ を条件として,欠測値の予測分布から代入値 $Y_{\mathrm{mis}}^{(t+1)}$ を生成する. (5.2) 式は事後ステップ (posterior step) といい,観測値 Y_{obs} と繰り返し時点 $t+1$ における代入値 $Y_{\mathrm{mis}}^{(t+1)}$ を条件として,事後分布からパラメータ値 $\theta^{(t+1)}$ を生成する. これら 2 つのステップを収束するまで T 回繰り返す.

$$Y_{\mathrm{mis}}^{(t+1)} \sim Pr(Y_{\mathrm{mis}}|Y_{\mathrm{obs}},\theta^{(t)}) \tag{5.1}$$

$$\theta^{(t+1)} \sim Pr(\theta|Y_{\mathrm{obs}},Y_{\mathrm{mis}}^{(t+1)}) \tag{5.2}$$

$\theta^{(0)}$ を初期値としよう. $Pr(Y_{\mathrm{mis}}|Y_{\mathrm{obs}},\theta^{(0)})$ に基づき,$Y_{\mathrm{mis}}^{(1)}$ を生成する. $Y_{\mathrm{mis}}^{(1)}$ の値を $Pr(\theta|Y_{\mathrm{obs}},Y_{\mathrm{mis}}^{(1)})$ に入力して,$\theta^{(1)}$ を生成する. 次に,$\theta^{(1)}$ の値を $Pr(Y_{\mathrm{mis}}|Y_{\mathrm{obs}},\theta^{(1)})$ に入力して,$Y_{\mathrm{mis}}^{(2)}$ を生成する. さらに,$Y_{\mathrm{mis}}^{(2)}$ の値を $Pr(\theta|Y_{\mathrm{obs}},Y_{\mathrm{mis}}^{(2)})$ に入力して,$\theta^{(2)}$ を生成する. ここまで,$t=2$ である. この作業を収束するまで T 回繰り返すのである. しかしながら,MCMC における収束とは,分布が安定して体系的な形で変化しなくなった状態のことを意味し (Enders, 2010, p.202),確率分布に収束するため,MCMC が収束したかどうかを判定することは一般的に難しい (Schafer, 1997, p.80). 詳しくは,5.6 節も参照されたい.

DA アルゴリズムによって多重代入法を実行する方法は 2 通りある (Schafer, 1997, p.139; Enders, 2010, pp.211-212). 1 つ目の方法は,単一連鎖データ拡大法 (sequential data augmentation) と呼ばれ,1 つの連鎖

表 5.1　norm による多重代入法

```
1   library(norm2)
2   M<-3
3   set.seed(1)
4   emResult<-emNorm(df1,iter.max=10000)
5   max1<-emResult$iter*2
6   imp.list<-as.list(NULL)
7   for(i in 1:M){
8     mcmcResult<-mcmcNorm(emResult,iter=max1)
9     imp.list[[i]]<-impNorm(mcmcResult)
10  }
```

を用いて繰り返し回数を $M \times T$ 回に設定し，t 番目の繰り返し回数ごと
に Y_{mis} の代入値を採用するものである．2 つ目の方法は，並列連鎖デー
タ拡大法 (parallel data augmentation) と呼ばれ，長さ T の連鎖を並行
して M 個生成し，M 個の連鎖からの Y_{mis} の最終的な値を代入値として
採用するものである．なお，パラメータ分布が適切に収束している限り，
どちらの方法を用いても大差はないことが知られている (Enders, 2010,
p.212)．本書では，並列連鎖データ拡大法による方法を紹介する．

　R パッケージ norm は，ペンシルベニア州立大学准教授（1997 年当時）
の Schafer(1997) により開発されたプログラムであり，DA アルゴリズム
により多重代入法を行う．Joseph L. Schafer は Donald B. Rubin の直弟
子 (Schafer, 1992) であり，norm は Rubin の多重代入法を最も忠実に再
現しているといえる．なお，この norm の名を冠する R パッケージは，現
在 3 種類存在するが，最新の norm2 の使用が推奨される (Schafer, 2016)．
表 3.1 のデータを用いて実行例を示す．具体的な方法は表 5.1 のとおりで
ある．

　まず，1 行目において，R パッケージ norm2 を起動する．2 行目におい
て，多重代入済みデータ数 M を 3 に設定する．ここでは，あくまでも例
示のために小規模にしているが，4.8.3 項で述べたとおり，実証研究では
100 程度に設定することが望ましい．3 行目において，再現性を確保する
ために任意のシード値を設定する．

　データ拡大法では，初期値を設定する必要があるが，Schafer(1997) は初期値として EM アルゴリズム[1]の値を推奨している．よって，4 行目において，emNorm 関数を用いて EM アルゴリズムを実行する．5 行目において，EM アルゴリズムの収束回数の 2 倍を max1 として記録しておく．この値を繰り返し回数 T として利用する．この数字をいくつに設定すべきかは，実際には収束の診断を行わなければわからないことだが，後述するとおり EM の収束回数の 2 倍に設定することで，保守的な推定を行えることが知られている (Schafer and Olsen, 1998; Enders, 2010, p.204). 6 行目において，多重代入済みデータを格納する空のリスト imp.list を作成しておく．

　7 行目から，for ループを用いて M 回の多重代入法を実行する．8 行目において，mcmcNorm 関数によるデータ拡大法の結果を mcmcResult の名前で保存し，9 行目において，impNorm 関数による代入結果を i 番目の imp.list に保存する．

　多重代入済みのデータは，imp.list[[i]] に格納されている．下記のとおり，imp.list[[1]] は $m = 1$ の多重代入済みデータ，imp.list[[2]] は $m = 2$ の多重代入済みデータ，imp.list[[3]] は $m = 3$ の多重代入済みデータをそれぞれ表す．

> imp.list[[1]]			> imp.list[[2]]			> imp.list[[3]]		
	freedom	gdp		freedom	gdp		freedom	gdp
[1,]	55.40542	0.8	[1,]	7.205109	0.8	[1,]	-64.38602	0.8
[2,]	30.65082	3.2	[2,]	-4.420322	3.2	[2,]	53.47537	3.2
[3,]	24.00000	7.0	[3,]	24.000000	7.0	[3,]	24.00000	7.0
[4,]	46.17841	11.1	[4,]	39.263826	11.1	[4,]	26.24088	11.1
[5,]	16.00000	14.3	[5,]	16.000000	14.3	[5,]	16.00000	14.3
[6,]	95.00000	23.5	[6,]	95.000000	23.5	[6,]	95.00000	23.5
[7,]	86.00000	24.7	[7,]	86.000000	24.7	[7,]	86.00000	24.7
[8,]	83.00000	26.4	[8,]	83.000000	26.4	[8,]	83.00000	26.4
[9,]	96.00000	38.1	[9,]	96.000000	38.1	[9,]	96.00000	38.1
[10,]	95.00000	41.5	[10,]	95.000000	41.5	[10,]	95.00000	41.5

---

[1]EM アルゴリズムについては，5.4 節を参照されたい．

5.3　FCS アルゴリズムによる多重代入法

完全条件付き指定 (FCS: fully conditional specification) は，DA アルゴリズムの代替手法として提案されたアルゴリズムである (van Buuren and Oudshoorn, 1999). DA アルゴリズムでは，多変量分布を仮定し，ジョイントモデルとして多重代入法を実行していた．一方，FCS アルゴリズムでは，多変量分布を一連の条件付き分布によって指定し，他の変数を条件として欠測値の代入を行う．なお，このアルゴリズムとほぼ同じものとして，逐次回帰多変量代入法 (sequential regression multivariate imputation) も知られている (Raghunathan, 2016, p.76).

FCS アルゴリズムのメカニズムは以下のとおりである (van Buuren and Groothuis-Oudshoorn, 2011, pp.6-7; van Buuren, 2012, p.110). j は変数番号を表すものとし，$j = 1, \ldots, p$ とする．p は変数の数である．Y_{-j} は Y_j の補集合とする．つまり，$-j$ はデータ内の j 以外のすべての列である．まず，観測データ $Y_{j,\mathrm{obs}}$ から無作為に初期値 $\tilde{Y}_j^{(0)}$ を抽出する．(5.3) 式では，観測値 $Y_{j,\mathrm{obs}}$ と t 番目の代入値 $\tilde{Y}_{-j}^{(t)}$ を条件として，代入モデルの未知パラメータ $\tilde{\theta}_j^{(t)}$ の抽出を行う．ここで，$\tilde{Y}_{-j}^{(t)} = (\tilde{Y}_1^{(t)}, \ldots, \tilde{Y}_{j-1}^{(t)}, \tilde{Y}_{j+1}^{(t-1)}, \ldots, \tilde{Y}_p^{(t-1)})$ であり，チルダ~は無作為抽出を表す．(5.4) 式では，観測値 $Y_{j,\mathrm{obs}}$，t 番目の代入値 $\tilde{Y}_{-j}^{(t)}$，t 番目のパラメータ推定値 $\tilde{\theta}_j^{(t)}$ の3つを条件として，代入値 $\tilde{Y}_j^{(t)}$ を抽出する．変数を変えながら，これら2つのステップを $j = 1, \ldots, p$ に対して実行する．

$$\tilde{\theta}_j^{(t)} \sim Pr(\theta_j^{(t)}|Y_{j,\mathrm{obs}}, \tilde{Y}_{-j}^{(t)}) \qquad (5.3)$$

$$\tilde{Y}_j^{(t)} \sim Pr(Y_{j,\mathrm{mis}}|Y_{j,\mathrm{obs}}, \tilde{Y}_{-j}^{(t)}, \tilde{\theta}_j^{(t)}) \qquad (5.4)$$

4変量の場合を考えてみよう．Y は完全データであり，X_1，X_2，X_3 の3つの変数には欠測が発生しているとする．よって，X_1，X_2，X_3 の欠測を FCS アルゴリズムで処理する．(5.5) 式において，1つ目の欠測変数 $X_{1,\mathrm{mis}}$ に対して，t 時点における X_2 と X_3 の値および観測値である $X_{1,\mathrm{obs}}$ と Y を条件として，代入値 $X_1^{(t+1)}$ を生成する．(5.6) 式において，

2 つ目の欠測変数 X_2 に対して，$t+1$ 時点における代入値 $X_1^{(t+1)}$ と t 時点における X_3 の値および観測値である $X_{2,\mathrm{obs}}^{(t)}$ と Y を条件として，代入値 $X_2^{(t+1)}$ を生成する．(5.7) 式において，3 つ目の欠測変数 X_3 に対して，$t+1$ 時点における代入値 $X_1^{(t+1)}$ と $X_2^{(t+1)}$ および観測値である $X_{3,\mathrm{obs}}^{(t)}$ と Y を条件として，代入値 $X_3^{(t+1)}$ を生成する．ここで，(5.5) 式は重回帰モデル，(5.6) 式は二項ロジットモデル，(5.7) 式は順序ロジットモデルといった具合に，変数ごとに別々の代入モデルを当てはめることができるため，フレキシブルである．

$$X_1^{(t+1)} \sim f(X_{1,\mathrm{mis}}|X_{1,\mathrm{obs}}, X_2^{(t)}, X_3^{(t)}, Y) \tag{5.5}$$

$$X_2^{(t+1)} \sim f(X_{2,\mathrm{mis}}|X_1^{(t+1)}, X_{2,\mathrm{obs}}^{(t)}, X_3^{(t)}, Y) \tag{5.6}$$

$$X_3^{(t+1)} \sim f(X_{3,\mathrm{mis}}|X_1^{(t+1)}, X_2^{(t+1)}, X_{3,\mathrm{obs}}^{(t)}, Y) \tag{5.7}$$

上記のプロセス全体を収束するまで T 回繰り返す．互換性[2](compatibility) のある条件付き分布の下では，FCS アルゴリズムはギブスサンプラー[3](Gibbs sampler) であるので，FCS アルゴリズムは MCMC の一種とみなすことができる (van Buuren and Groothuis-Oudshoorn, 2011, p.6; van Buuren, 2012, p.109)．つまり，FCS アルゴリズムにおける収束は，DA アルゴリズムにおける収束と同様に，分布が安定して体系的な形で変化しなくなった状態のことを意味する (Enders, 2010, p.202)．確率分布に収束するため，収束を判定することは一般的に難しい (Schafer, 1997, p.80)．

R パッケージ mice は，オランダのユトレヒト大学の van Buuren(2012) によって開発された FCS アルゴリズムを用いたフレキシブルな多重代入法プログラムである (van Buuren and Groothuis-Oudshoorn, 2011; van Buuren et al., 2017)．mice とは，multivariate imputation by chained

---

[2] 互換性については，9.1 節の議論を参照されたい．
[3] ギブスサンプラーについては，Schafer(1997, pp.69-70)，Gill(2008, pp.356-358)，阿部 (2016, pp.108-109) などを参照されたい．

表 5.2 mice による多重代入法

```
1  library(mice); library(norm2)
2  M<-3
3  seed2<-1
4  emResult<-emNorm(df1,iter.max=10000)
5  max1<-emResult$iter*2
6  imp<-mice(data=df1,m=M,seed=seed2,meth="norm", maxit=max1)
```

equations の略であり，連鎖方程式による多変量代入法という意味である．他にも，R パッケージ mi(Su et al., 2011) も FCS アルゴリズムの多重代入法を実行できるが，本書では mice を用いる．表 3.1 のデータを用いて実行例を示す[4]．具体的な方法は表 5.2 のとおりである．

　まず，1 行目において，R パッケージ mice と norm2 を起動する．2 行目において，多重代入済みデータ数 M を 3 に設定する．3 行目において，再現性を確保するために任意のシード値を設定する．なお，この 2 つの作業は，6 行目の引数 m= と seed= の右辺に数字を直接指定してもよい．4 行目において，emNorm 関数を用いて EM アルゴリズムを実行し，5 行目において，EM アルゴリズムの収束回数の 2 倍を max1 として記録する．R パッケージ norm による多重代入法を実行したときと同様に，この数字を T の値として採用する．6 行目において mice 関数を用いて多重代入法を実行する．引数 data= の右辺に不完全データの名称を指定する．引数 meth= の右辺に代入モデルを指定し，主な選択肢は，"pmm"（予測平均マッチング[5]），"norm"（線形回帰モデル），"logreg"（ロジスティック回帰モデル），"polyreg"（多項ロジットモデル），"polr"（順序ロジットモデル）である (van Buuren and Groothuis-Oudshoorn, 2011, p.16).

---

[4]この例では，欠測変数が 1 個しかないため，FCS アルゴリズムの特徴が出ていない．ここでは，まず，R による基本的な実行方法を確認して欲しい．具体的な分析については，第 7 章以降で扱う．

[5]予測平均マッチング (predictive mean matching) は，最近隣ホットデック法の特殊な形態である．回帰代入法から予測値を算出し，この予測値に最も近いドナーの観測値を代入値として採用する方法である (de Waal et al., 2011, p.253). 予測平均マッチングについては，阿部 (2016, p.102) も参照されたい．

多重代入済みのデータは，complete(imp,m) に格納されている．下記のとおり，complete(imp,1) は $m=1$ の 多 重 代 入 済 み デ ー タ，complete(imp,2) は $m=2$ の多重代入済みデータ，complete(imp,3) は $m=3$ の多重代入済みデータをそれぞれ表す．

> complete(imp,1)		> complete(imp,2)		> complete(imp,3)	
freedom	gdp	freedom	gdp	freedom	gdp
1 -24.044883	0.8	1 0.6845155	0.8	1 -13.114191	0.8
2 4.284943	3.2	2 32.4337328	3.2	2 4.343409	3.2
3 24.000000	7.0	3 24.0000000	7.0	3 24.000000	7.0
4 7.677207	11.1	4 16.7714260	11.1	4 47.163193	11.1
5 16.000000	14.3	5 16.0000000	14.3	5 16.000000	14.3
6 95.000000	23.5	6 95.0000000	23.5	6 95.000000	23.5
7 86.000000	24.7	7 86.0000000	24.7	7 86.000000	24.7
8 83.000000	26.4	8 83.0000000	26.4	8 83.000000	26.4
9 96.000000	38.1	9 96.0000000	38.1	9 96.000000	38.1
10 95.000000	41.5	10 95.0000000	41.5	10 95.000000	41.5

5.4 EMB アルゴリズムによる多重代入法

EMB ア ル ゴ リ ズ ム は，Expectation-Maximization with Boot-strapping の略であり，期待値最大化法 (EM: Expectation-Maximization) とノンパラメトリック・ブートストラップ (bootstrap) から構成される比較的新しい多重代入法のアルゴリズムである (Honaker and King, 2010, p.565)．

まずノンパラメトリック・ブートストラップから確認していこう．これは，再標本 (resample) を無作為に抽出する手法である (Horowitz, 2001, pp.3163-3165; Carsey and Harden, 2014, pp.215-216)．サイズ N の母集団 P から無作為抽出によりサイズ n の標本 S を得たとしよう ($N > n$)．この標本抽出は，一般的な状況下においては 1 回しか行うことができない．そこで，手元の標本 S を擬似的に母集団として扱い，ここから再標本 S_{boot} を再抽出し，この作業を M 回行う．ここで，標本 S における情報すべてを活用するためには，再標本 S_{boot} の標本サイズは n でな

ければならない. また, 再標本 S_{boot} における各構成要素は, 標本 S か
ら $1/n$ の確率で無作為な復元抽出 (sampling with replacement) によっ
て選ばれなければならない. もし非復元抽出 (sampling without replace-
ment) を用いた場合, M 個の再標本 S_{boot} は標本 S と完全に同一となっ
てしまうからである. つまり, 任意の再標本において, 同一の観測値が
二度以上選ばれることもあれば, 一度も選ばれないこともある. 表5.3
は, R 関数 sample を用いて, 5 つの観測値 x = c(NA, 272, 797, 239,
415) の中からブートストラップ再標本 xboot を生成する簡単な例であ
る. このようにして得られた M 個の再標本のばらつきによって, 推定不
確実性を捉える.

表 5.3 ブートストラップの例

```
1  set.seed(1)
2  x<-c(NA,272,797,239,415)
3  xboot1<-sample(x,replace=TRUE)
4  xboot2<-sample(x,replace=TRUE)
5  xboot3<-sample(x,replace=TRUE)
```

　表5.4 は, このようにして生成されたブートストラップ再標本データの
例である. xboot1 (再標本 1) には, 偶然にも欠測値が含まれていない.
この場合は, EM アルゴリズムを使うことなく, そのまま統計量を計算で
きる. xboot2 (再標本 2) と xboot3 (再標本 3) には欠測値が含まれて
いるので, 下記で説明する EM アルゴリズムを活用する.

表 5.4 ブートストラップ再標本データ

元データ		xboot1		xboot2		xboot3	
ID	収入	ID	収入	ID	収入	ID	収入
1	NA	2	272	5	415	2	272
2	272	2	272	5	415	1	NA
3	797	3	797	4	239	4	239
4	239	5	415	4	239	2	272
5	415	2	272	1	NA	4	239

　次に期待値最大化法 (EM) を確認しよう (Schafer, 1997, pp.38-39; 渡

辺・山口, 2000, pp.32-35; Gill, 2008, p.309; Do and Batzoglou, 2008). EM アルゴリズムでは,まず分布を仮定し,その平均値や分散の初期値を仮に設定する.この初期値に基づいてモデル尤度の期待値を計算する. (5.8) 式は,欠測データの予測分布に対して完全データの対数尤度の平均を取ることによって Q 関数を計算する期待値ステップ (expectation step) である.つまり,欠測を含む不完全なデータ Y と t 回目のパラメータ推定値 $\theta^{(t)}$ を条件として,完全データの対数尤度の条件付き期待値を計算している.

$$Q(\theta|\theta^{(t)}) = \int l(\theta|Y)Pr(Y_{\mathrm{mis}}|Y_{\mathrm{obs}}, \theta^{(t)})dY_{\mathrm{mis}} \tag{5.8}$$

次に,尤度の最大化計算を行う.(5.9) 式は,Q 関数を最大化することで,$t+1$ 回目の繰り返し時点におけるパラメータ値 $\theta^{(t+1)}$ を推定する最大化ステップ (maximization step) である.

$$\theta^{(t+1)} = \arg\max_{\theta} Q(\theta|\theta^{(t)}) \tag{5.9}$$

これら 2 つのステップを収束するまで繰り返して得られた値は最尤推定値[6](MLE: maximum likelihood estimate) であることが知られている. MCMC とは違い,最尤推定における収束は,パラメータ推定値が変化しなくなった状態のことを意味し,パラメータ空間における点へと収束するため確定的である (Schafer, 1997, p.80; Enders, 2010, p.202).ただし,収束した値は,局所的な最大値であることは証明されているが,多峰の分布では,局所的最大値と大局的最大値は一致するとは限らない.複数の初期値から EM アルゴリズムを行い,複数の収束した値の中から最も大きいものを選ぶ必要がある(中村・小西, 1998, p.168; 渡辺・山口, 2000, p.40; Honaker et al., 2011, pp.29-32).

実際の計算は以下のとおり行われる(高橋・阿部・野呂, 2015, pp.33-34).期待値ステップにおいて,観測データとパラメータの初期値を条件とし,パラメータの条件付き期待値を算出する.ここでは,表5.4 の再

---

[6]最尤推定値とは,実際に観測された標本データを観測する確からしさ(尤度)が最大となるパラメータ推定値である (Eliason, 1993, pp.7-8; Long, 1997, p.26).

標本 2(xboot2) のデータを例にしよう (415, 415, 239, 239)．パラメータ
の初期値は適当に選んだ値であり，ここでは 150 としよう．まず，観測
データの値を合計する．次に，完全データの標本サイズと不完全データの
標本サイズの差を計算し，初期値に乗じる．この 2 つを足し合わせた値
が期待値ステップで求める値である．すなわち，(5.10) 式である（岩崎，
2002, p.288）．ここで，n_{comp} は完全データの標本サイズであり，n_{obs} は
観測データの標本サイズである．具体的には，$(415 + 415 + 239 + 239) +$
$(5 - 4) \times 150 = 1458$ である．

$$E[\theta|\theta^{(t)}, Y_{\mathrm{obs}}] = \sum_{i=1}^{m} Y_i + (n_{\mathrm{comp}} - n_{\mathrm{obs}})\mu^{(t)} \tag{5.10}$$

　最大化ステップにおいて，期待値ステップで計算したパラメータの条件
付き期待値を用いてパラメータを更新する．上記の 1458 を完全データの
標本サイズ 5 で割ることにより求められる．すなわち，(5.11) 式である
（岩崎，2002, p.289）．具体的には，291.6 である．

$$\mu^{(t+1)} = \frac{1}{n_{\mathrm{comp}}} \left[\sum_{i=1}^{m} Y_i + (n_{\mathrm{comp}} - n_{\mathrm{obs}})\mu^{(t)} \right] \tag{5.11}$$

　再び，期待値ステップに戻る．先ほどは初期値として，適当に選んだ
150 という値を用いた．今度は，上記の最大化ステップで得られた 291.6
を用いる．すなわち，計算結果は $(415+415+239+239)+(5-4)\times 291.6 =$
1599.6 となる．再度，最大化ステップにおいて上記の 1599.6 を完全デー
タの標本サイズ 5 で割る．すなわち，319.92 である．

　この作業を収束するまで実行する．収束とは，最大化ステップで得られ
た推定値が変化しなくなる状態のことである．上述したとおり，このよう
にして収束した値は最尤推定値となることが知られている．一変量の場
合は，単なるリストワイズ除去による平均値と同一となり面白みに欠ける
が，補助変数を用いることで推定値を大幅に改善することができる．

　一変量における EM アルゴリズムの R コードは，表 5.5 のとおり入力
すれば実行できる．この作業を M 個の再標本すべてに適用する．

　1 行目では，完全データの標本サイズを指定する．2 行目では，リスト

表 5.5 単変量における EM アルゴリズムのコード例

```
1   n<-5
2   x<-c(415,415,239,239)
3   mu<-150
4   expect<-NA
5   for(i in 1:100){
6     expect[i]<-sum(x)+(n-length(x))*mu[i]
7     mu[i+1]<-1/n*expect[i]
8     if(mu[i+1]-mu[i]<0.0001){
9     break}}
10  mu[length(mu)]
```

ワイズ除去済みの欠測データを入力する. 3 行目では, 初期値を指定する. 4 行目では, 結果を格納する変数を expect と定義している. 5 行目から 9 行目までが EM アルゴリズムであり, ここでは 100 回の実行を繰り返している. 6 行目が期待値ステップであり, 7 行目が最大化ステップである. 8 行目から 9 行目において, 変化が 0.0001 未満となったら収束と判定している. 10 行目で最尤推定値を返す.

なお, ブートストラップ再標本に EM アルゴリズムを適用して得られた最尤推定値は, ベイズ統計学における事後分布からの無作為抽出による推定値と漸近的に等価であり, 適切な多重代入法であることが知られている (Little and Rubin, 2002, p.216).

R パッケージ Amelia II は, EMB アルゴリズムを搭載した多重代入法のプログラムである (Honaker et al., 2011; Honaker et al., 2016). ハーバード大学政治学科教授の King et al.(2001) を中心とするチームにより, EMis(Expectation-Maximization with importance sampling) アルゴリズムを用いた汎用多重代入法プログラム Amelia I の開発が行われた[7]. Amelia I は, さまざまな社会科学の応用分野において使用されて

---

[7]Amelia とは, 女性飛行士として史上初めて大西洋単独飛行に成功した米国人女性飛行士 Amelia Earhart の名に因んで命名された. Amelia Earhart は, 1937 年 7 月, 赤道上世界一周飛行の最中に行方不明 (missing) となり, その行方の真実はいまだに謎とされている. 彼女の華やかな経歴とともに, 米国では現在でも伝説視されている女性飛行士である (高橋・伊藤, 2013, p.47).

表 5.6 Amelia による多重代入法[8]

```
1  library(Amelia)
2  M<-3
3  set.seed(1)
4  a.out<-amelia(df1, m=M)
```

きたが，時系列横断面データなどの巨大データセットにおける多重代入法
に対応するため，新たに EMB アルゴリズムを実装した Amelia II とし
て生まれ変わった (Honaker and King, 2010). 表 3.1 のデータを用いて
実行例を示す. 具体的な方法は表 5.6 のとおりである.

まず，1 行目において，R パッケージ Amelia をライブラリから読み込
む. 2 行目において，多重代入済みデータ数 M を 3 に設定する. 3 行目に
おいて，再現性を確保するために任意のシード値を設定する.

4 行目において，amelia 関数を用いて多重代入法を実行する. 最初の
引数では，不完全データの名称 df1 を指定する. 2 つ目の引数 m = では，
多重代入済みデータ数を指定する. いろいろな引数を設定することもで
きるが，最小限の作業としては，これで多重代入法を実行できる. 他の引
数については，必要に応じて後述する. 引数 noms と ords は，第 9 章と
第 10 章の質的データの分析にて説明する. 引数 polytime, lags, leads,
cs, ts は，第 11 章と第 12 章の時系列データおよびパネルデータの分析
にて使用する.

多重代入済みのデータは，a.out$imputations[m] に格納されている.
下記のとおり，a.out$imputations[1] は $m = 1$ の多重代入済みデー
タ，a.out$imputations[2] は $m = 2$ の 多 重 代 入 済 み デ ー タ，
a.out$imputations[3] は $m = 3$ の多重代入済みデータをそれぞれ表
す.

---

[8]3.5 節で紹介したホットデックのコードを動かした後に実行すると，エラーが発生す
る（2017 年 8 月 30 日現在）. 表 5.6 に限らず，各節の R コードは独立して動かすこ
とが推奨される.

```
> a.out$imputations[1]    > a.out$imputations[2]    > a.out$imputations[3]
$imp1                     $imp2                     $imp3
freedom  gdp              freedom  gdp              freedom  gdp
1   31.10846  0.8         1   23.01356  0.8         1   28.26035  0.8
2   32.94633  3.2         2   35.35417  3.2         2   32.02961  3.2
3   24.00000  7.0         3   24.00000  7.0         3   24.00000  7.0
4   59.76669 11.1         4   40.32384 11.1         4   60.55378 11.1
5   16.00000 14.3         5   16.00000 14.3         5   16.00000 14.3
6   95.00000 23.5         6   95.00000 23.5         6   95.00000 23.5
7   86.00000 24.7         7   86.00000 24.7         7   86.00000 24.7
8   83.00000 26.4         8   83.00000 26.4         8   83.00000 26.4
9   96.00000 38.1         9   96.00000 38.1         9   96.00000 38.1
10 95.00000 41.5         10 95.00000 41.5         10 95.00000 41.5
```

5.5 アルゴリズム間の長所と短所

表 5.7 は，3 つの多重代入法アルゴリズムの共通点と相違点について，関係性を要約したものである (Takahashi, 2017c, p.6).

DA アルゴリズムと EMB アルゴリズムはジョイントモデリング (joint modeling) であり，FCS アルゴリズムは条件付きモデリング (conditional modeling) である (Kropko et al., 2014). ジョイントモデリングは欠測データの多変量分布を指定するものであり，条件付きモデリングは変数ごとに単変量分布を指定する (van Buuren, 2012, pp.105-108). ジョイントモデリングの方が計算効率はよいが，条件付きモデリングの方がフレキシブルである (van Buuren, 2012, p.117; Kropko et al., 2014).

DA アルゴリズムと FCS アルゴリズムは MCMC の一種であるが，EMB は MCMC ではない. したがって，DA アルゴリズムと FCS アルゴリズムでは，適切な多重代入法を生成するために，代入間の繰り返しを T 回行わなくてはならない (Schafer, 1997, p.106; van Buuren, 2012,

表 5.7　多重代入アルゴリズムの関係性

	ジョイントモデリング	条件付きモデリング
MCMC	DA	FCS
非 MCMC	EMB	—

p.113). 一方,EMB アルゴリズムは,代入間の繰り返しを行わないが (Honaker and King, 2010, p.565), 適切な多重代入法であることがわかっている (Takahashi, 2017c).

5.6　MCMC 系アルゴリズムにおける収束判定

多重代入法を研究した多くの論文 (たとえば,Donders et al., 2006; Leite and Beretvas, 2010; Hardt et al., 2012; Lee and Carlin, 2012; Cheema, 2014; Shara et al., 2015; Hughes et al., 2016; McNeish, 2017) において,代入間の繰り返し回数 T は明示されていない.その理由の 1 つは,MCMC アルゴリズムにおける収束 (convergence) の明確な判定方法がないからだと考えられる (Schafer, 1997, p.119; King et al., 2001, p.59).

van Buuren(2012, p.113) は,5 回〜20 回程度の繰り返しで十分だと主張している.しかし,Zhu and Raghunathan(2015) の分析結果は,$M = 100$ と設定した場合,標本サイズ n と代入間の繰り返し T が十分に大きければ FCS アルゴリズムに問題はないが,T が 20 以下の場合には十分ではないことを示唆している.

データ拡大法の収束回数は,一般的に EM アルゴリズムの収束回数よりも少ないといわれている (Graham, 2009, p.557).よって,EM アルゴリズムの収束回数の 2 倍に設定する方法が知られている (Schafer and Olsen, 1998; Enders, 2010, p.204).この方法はあくまでも経験則に基づくもので,すべての状況に当てはまるわけではないが,多重代入法における代入間の繰り返し回数 T をこれぐらいの回数に設定しておけば,おおむね良好な結果が得られるとされている.

実際に収束したかどうかは,さまざまな要素を検討して行う (Schafer, 1997, pp.118-134).R パッケージ norm では,周辺分布の収束が最も遅かったパラメータについて時系列プロットを作成できる (Schafer, 1997, p.129).R パッケージ mice では,平均値と標準偏差について時系列プロットを作成できる (van Buuren and Groothuis-Oudshoorn, 2011, pp.37-

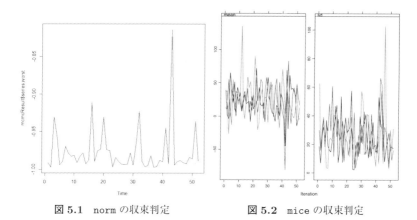

図 5.1　norm の収束判定　　　　　図 5.2　mice の収束判定

40).

　図 5.1 は R パッケージ norm，図 5.2 は R パッケージ mice の収束判定
の例である．上下にまんべんなくばらついていれば，収束したと判定でき
る．今回の例では，40 回を超えても収束していないようであり，もっと
多くの繰り返し回数が必要そうである．しかし，判定は主観的な部分があ
り，熟練の判断が要求される．これらの図は，以下の方法で作成できる．

```
plot(mcmcResult$series.worst)          #norm の収束判定
plot(imp,c("freedom"),layout=c(2,1))   #mice の収束判定
```

5.7　多重代入法の性能比較

　小規模なモンテカルロ・シミュレーションによって，DA アルゴリズ
ム，FCS アルゴリズム，EMB アルゴリズム，確定的単一代入法，確率
的単一代入法の性能を比較した[9]．モンテカルロ・シミュレーションの回
数は 1,000 回である．変数 X は，平均値ベクトル 0，相関行列（表 5.8）
の多変量正規分布に従う 9 変量データである．データの生成は，R パッ
ケージ MASS の mvrnorm 関数を用いた．
　変数 Y は，(5.12) 式により生成した．ここで，$\beta_k \sim U(-2, 2)$ であり，

─────────────────
[9]詳細な分析は，Takahashi(2017c) も合わせて参照されたい．

表 5.8　相関行列

	X1	X2	X3	X4	X5	X6	X7	X8	X9
X1	1.00	−0.23	0.34	0.40	−0.28	0.25	−0.12	0.33	−0.07
X2	−0.23	1.00	0.07	−0.76	0.04	−0.62	−0.08	−0.43	−0.18
X3	0.34	0.07	1.00	0.18	−0.32	0.25	−0.46	0.43	−0.80
X4	0.40	−0.76	0.18	1.00	0.01	0.64	−0.09	0.68	0.17
X5	−0.28	0.04	−0.32	0.01	1.00	−0.55	0.36	−0.03	0.08
X6	0.25	−0.62	0.25	0.64	−0.55	1.00	0.02	0.20	0.02
X7	−0.12	−0.08	−0.46	−0.09	0.36	0.02	1.00	−0.49	0.37
X8	0.33	−0.43	0.43	0.68	−0.03	0.20	−0.49	1.00	−0.15
X9	−0.07	−0.18	−0.80	0.17	0.08	0.02	0.37	−0.15	1.00

$k = 0, 1, \ldots, 9$ である．$\varepsilon_i \sim N(0, U(0.5, 2.0))$ である．標本サイズは 1,000 である．(5.12) 式の β_1 の推定を目的とする．

$$Y_i = \beta_0 + \beta_1 X_{1i} + \beta_2 X_{2i} + \beta_3 X_{3i} + \beta_4 X_{4i} + \beta_5 X_{5i} + \beta_6 X_{6i}$$
$$+ \beta_7 X_{7i} + \beta_8 X_{8i} + \beta_9 X_{9i} + \varepsilon_i$$
$$(5.12)$$

　変数 Y が中央値以上の場合，変数 X_j に 1 割の確率で欠測が発生し，変数 Y が中央値未満の場合，変数 X_j に 5 割の確率で欠測が発生するようにした．ここで，$j = 1, 2, \ldots, 9$ である．各変数の欠測率は約 30% であり，9 変量全体での欠測率は約 80% である．多重代入済みデータ数 M は 20 に設定した．代入間の繰り返し回数 T は，EM アルゴリズムの収束回数の 2 倍に設定し，1,000 回の平均は 72.1 回であった．結果は，表 5.9 のとおりである．

　今回のシミュレーションのように，すべての変数が量的な連続変数の場合，3 つの多重代入法アルゴリズムは，いずれを用いても遜色はない．これは，Horton and Lipsitz(2001)，Horton and Kleinman(2007)，Kropko et al.(2014) の報告とも合致する．ただし，norm と mice の場合は，代入間の繰り返し回数 T を十分に設定しておく必要がある．第 9 章以降で話題とするが，質的データがある場合や時系列の要素が関わってくる場合など，これらのアルゴリズムは，データの特性に応じて使い分ける必要があ

表 5.9 代入法の比較結果

	偏り[10]	RMSE[11]	CI カバー率[12]	CI の長さ	時間（秒）
完全データ	−0.001	0.047	94.6	0.180	
リストワイズ	−0.116	0.155	78.1	0.390	
Amelia	−0.002	0.072	95.0	0.281	1.579
norm	0.000	0.072	94.9	0.274	3.426
mice	−0.001	0.071	95.0	0.281	124.160
確定単一	0.163	0.189	22.5	0.188	0.075
確率単一	0.230	0.241	3.7	0.186	0.074

る.

---

[10]偏りとは，$E(\hat{\theta}) - \theta$ である.

[11]RMSE (root mean squared error：二乗平均平方根誤差) は $\sqrt{E(\hat{\theta} - \theta)^2}$ である.

[12]CI カバー率は，93.6%〜96.4% の範囲に収まっていれば，統計的に正しい結果である．2.6 節の脚注 14 も参照されたい.

第 **6** 章

多重代入モデルの診断

　代入値は未知の欠測値を予測したものであり，かつては，代入法を診断することはできないと考えられていた．しかし，Abayomi et al.(2008) は，回帰モデルの診断と同様に，代入モデルの間接的な診断を行える可能性があることを示した．この考え方は，R パッケージ Amelia および mice において，標準の診断ツールとして採用されている[1]．R パッケージ norm には，標準の診断ツールが備えられていないが，これらの手法を応用して実行する．なお，本章の診断とは，MAR が正しいと仮定した場合に，代入の結果が MAR の仮定と整合性があるかどうかを確認するものである．MAR が間違っていると仮定し，NMAR (NI) が正しいと仮定した場合に，代入の結果にどのような影響が出るかについては，第 13 章において感度分析を扱う．また，本章の後半では，経済データにおいて特に問題となる対数正規分布の代入法について言及する．

6.1　診断の考え方

　未知の欠測値を代入した値が，本当に未知の欠測データの分布と適合しているかどうかを検証することはできない．しかしながら，代入法におけ

---

[1]SAS や STATA といった商用ソフトウェアには，診断ツールの備わっているものが少ない (Nguyen et al., 2017, p.9).

る目的の1つは，不完全データを擬似的な完全データにすることであり，代入者は当該の完全データの特性について漠然とした背景知識を持っていることが多い．代入法の診断では，このような代入者の背景知識を頼りにしながら，代入モデルの診断を行う (Abayomi et al., 2008, p.280).

そこで，何を基準にして代入モデルを検証するのかが問題となるが，観測データをもとに複数の代入モデルを構築し，決定係数や情報量規準を用いて，当てはまりのよいモデルを選ぶ方法がある．ただし，観測データに当てはまりのよいモデルが必ずしも欠測データにも当てはまりがよいという保証はないことは理解しておく必要がある (de Waal et al., 2011, p.235).

観測データの分布と代入データの分布を比較して，代入モデルを検証する方法も提唱されている．もし，MAR の仮定が正しく，代入モデルの当てはまりがよいならば，観測データの分布と代入データの分布は，似ているはずである (Raghunathan and Bondarenko, 2007; Abayomi et al., 2008; van Buuren, 2012, p.149; Raghunathan, 2016, p.87).

しかしながら，MCAR の場合を除くと，観測データの分布と代入データの分布は，完全には一致しない．むしろ，MAR の場合，観測データの分布と代入データの分布は異なっていると期待される．診断を通じて，2つの分布がどのような点で異なっているかを発見し，この違いは，我々が当該のデータについて知っている事実と照らし合わせた場合に，MAR の仮定の下で予期されるものかどうかを確認する (Abayomi et al., 2008; van Buuren, 2012, p.150). もし2つの分布に極端な違いが発見された場合には，代入モデルを構築し直す必要があるだろう (Honaker et al., 2011, p.25). こういった場合に，どの変数の代入に問題があるかを識別するためにも，診断ツールは役に立ちうる (Abayomi et al., 2008; van Buuren, 2012, p.147).

6.2 データ

表 2.3（2.4節）で生成した欠測シミュレーションデータを用いる．欠

測の発生方法を変更してみると，診断手法の使い方がよくわかるだろう.

6.3　Rパッケージ Amelia による代入の診断

　具体的な診断の実行方法は，表6.1のとおりである．1行目にて，Rパッケージ Amelia を起動する．また，Rパッケージ lattice の機能も使用するので，こちらも起動しておく．Amelia による多重代入済みデータをRパッケージ miceadds(Robitzsch et al., 2017) にて変換する必要があるので，こちらのパッケージも起動する．2行目にて，任意の M とシード値も設定しておこう．この段階で，amelia 関数によって多重代入法も実行しておく.

　3行目において，overimpute 関数によって，上書き代入法 (overimputation) を行う．引数 var=の右辺に，上書き代入法を適用したい変数の列番号を指定する．出力結果は図6.1である．上書き代入法とは，観測値を1つずつ一時的に欠測させ，代入モデルから生成した数百個の代入値によって上書きし，90％信頼区間を図示するものである (Honaker and King, 2010, p.574; Honaker et al., 2011, pp.27-29)．これは，Amelia に特有の診断機能であり，Blackwell et al.(2017a) によって定式化されている多重上書き代入法 (multiple overimputation) と原理的には同じものである．本書は白黒だがコンピュータ上では，図の縦線は，複数の色で塗り分けられている．この色は，当該の観測値に関する欠測データの比率を意味して

表 6.1　Amelia の多重代入モデル診断

```
1  library(Amelia); library(lattice); library(miceadds)
2  M<-5; set.seed(1); a.out<-amelia(df1,m=M)
3  overimpute(a.out,var=1)
4  disperse(a.out,dims=1,m=100)
5  ord<-order(df1$x)
6  df2<-df1[ord,]
7  missmap(df2)
8  a.mids<-datlist2mids(a.out$imputations)
9  densityplot(a.mids)
```

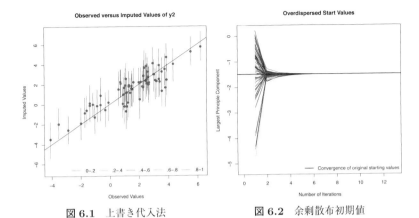

図 **6.1**　上書き代入法　　　図 **6.2**　余剰散布初期値

いる (Honaker et al., 2011, p.27). 45 度の線が信頼区間の中にうまく捉
えられていれば,代入モデルの当てはまりはよいと判断できる.

　4 行目において,disperse 関数によって余剰散布初期値 (overdispersed
starting values) の設定を行い,EM アルゴリズムが大局解に収束してい
たかどうかを確認する.出力結果は図 6.2 である.ここでは,100 個の初
期値すべてが同一の値に収束しており,EM アルゴリズムは大局解に収束
したと推定される.

　5 行目から 7 行目において,欠測データのパターンを確認する.5 行目
は,df1 の中の x という変数を基準に並び替え指定をしている.x には,
任意の変数名を指定する.6 行目にて,df1 を ord 順に並び替え,その順
番に応じて 7 行目にて欠測地図 (missingness map) を出力している.出
力結果は図 6.3 である.白い部分は欠測値,濃い部分は観測値であり,欠
測パターンを視覚化している.

　8 行目にて,クラス amelia のオブジェクトを datlist2mids 関数によ
ってクラス mids のオブジェクトに変換している.9 行目において,変換
したオブジェクト a.mids を用いて,R パッケージ lattice の
densityplot 関数によって観測値と代入値の密度の比較 (comparing
densities) を行う (Sarkar, 2017). 出力結果は,図 6.4 である.観測値の
密度は点線で,M 個の代入値に基づく密度は実線で示される.本書は白
黒だがコンピュータ上では,青線と赤線で示される.MAR の想定どお

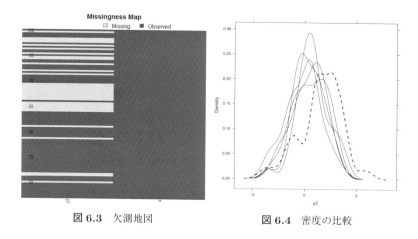

図 6.3　欠測地図　　　　　　　　　図 6.4　密度の比較

り，代入値の密度は，観測値の密度よりも全体的に下側に位置している．
これは，MAR の仮定が正しいことを証明するものではないが，MAR の
仮定と診断結果に離齬がなかったことを意味している．

6.4　R パッケージ mice による代入の診断

　R パッケージ mice における診断方法も掲載する．表 6.2 のとおり実行
することで，欠測パターンを視覚化したり，密度の比較を行ったりでき
る (van Buuren and Groothuis-Oudshoorn, 2011, pp.42-45; van Bu-
uren, 2012, pp.146-151). 図 6.5 の代入値は黒丸で，観測値は白丸で示
され，欠測パターンを視覚的に確認できる．図 6.6 は，図 6.4 と同じ密度
の比較を行っている．

表 6.2　mice の多重代入モデル診断

```
1  library(mice); library(norm2); library(lattice)
2  M<-5; seed2<-1
3  emResult<-emNorm(df1,iter.max=10000)
4  max2<-emResult$iter*2
5  imp<-mice(data=df1,m=M,seed=seed2,meth="norm",maxit=max2)
6  xyplot(imp,y2~x,pch=c(1,16))
7  densityplot(imp)
```

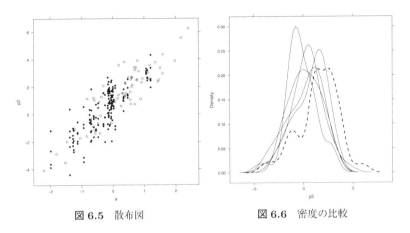

図 **6.5** 散布図   図 **6.6** 密度の比較

6.5 R パッケージ norm による代入の診断

R パッケージ norm における診断方法も掲載する．表 6.3 のとおり実行することで，図 6.7 のとおり欠測パターンを視覚化したり，図 6.8 のとおり密度の比較を行ったりできる．

表 **6.3** norm の多重代入モデル診断

```
1  library(norm2); library(lattice); library(miceadds)
2  m<-5; seed2<-1
3  emResult<-emNorm(df1,iter.max=10000)
4  max1<-emResult$iter*2
5  imp.list<-as.list(NULL)
6  for(j in 1:m){
7    mcmcResult<-mcmcNorm(emResult,iter=max1)
8    imp.list[[j]]<-impNorm(mcmcResult)
9  }
10 a.mids<-datlist2mids(imp.list)
11 xyplot(a.mids,y2~x,pch=c(1,16))
12 densityplot(a.mids)
```

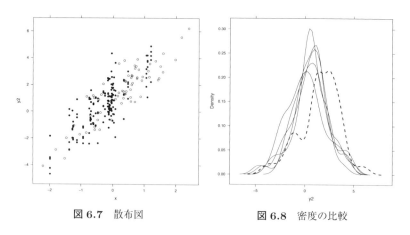

図 6.7　散布図　　　　　　　　**図 6.8**　密度の比較

6.6　対数正規分布データの代入法

　経済データは右に歪んでいることが多いため，対数変換を行うことが
多い．分析の対象が $\widehat{\log(Y_i)}$ の場合，対数変換を行った上で代入を施せば
よい．しかし，第 3 章で議論したように，もし分析の目的が生データの
集計の場合，代入値は $\widehat{\log(Y_i)}$ ではなく $\hat{Y}_i$ でなければならない．つまり，
代入の対象となる欠測変数の生データにおける予測値である．数学的に
は，対数である $\log(Y_i)$ を指数変換すれば，$\exp(\log(Y_i)) = Y_i$ となり，簡
単に元の生データに戻るわけだが，実は回帰分析における予測値 $\hat{Y}_i$ には
直接的に当てはめることができない（Wooldridge, 2009, pp.210-214; 高
橋・阿部・野呂, 2015, pp.94-95; Takahashi et al., 2017, pp.772-773）．

　Y_i は代入の対象となる変数，X_i は補助変数，ε_i は誤差項としよう．回
帰モデルが (6.1) 式の場合，真のモデルは (6.2) 式である．これが意味す
るのは，生データにおける回帰モデルは (6.3) 式であり，生データにおけ
る真のモデルは (6.4) 式である（Gujarati, 2003, p.564）.

$$\widehat{\log(Y_i)} = \log(\hat{\beta}_0) + \hat{\beta}_1 \log(X_i) \tag{6.1}$$

$$\log(Y_i) = \log(\beta_0) + \beta_1 \log(X_i) + \varepsilon_i \tag{6.2}$$

$$\hat{Y}_i = \hat{\beta}_0 X_i^{\hat{\beta}_1} \tag{6.3}$$

$$Y_i = \beta_0 X_i^{\beta_1} \exp(\varepsilon_i) \tag{6.4}$$

ここで，$\log(Y_i)$ の平均値を μ，分散を σ^2 とすれば，Y_i の期待値は (6.5) 式である (DeGroot and Schervish, 2002, p.278).

$$E(Y_i) = \exp\left(\mu + \frac{\sigma^2}{2}\right) = \exp(\mu)\exp\left(\frac{\sigma^2}{2}\right) \tag{6.5}$$

これらのことから，単純に $\widehat{\log(Y_i)}$ を指数変換しただけでは，Y_i の期待値を体系的に過小推定してしまうことがわかる．その誤差は，(6.5) 式にあるとおり，$\exp(\sigma^2/2)$ である．よって，この誤差を補正するために，(6.6) 式の τ_0 が必要となる．

$$\hat{Y}_i = \tau_0 \exp(\widehat{\log(Y_i)}) \tag{6.6}$$

τ_0 の値は $\exp(\sigma^2/2)$ だが，σ^2 は不明であるため，τ_0 の値も不明である．よって，τ_0 を推定する必要がある．少なくとも過小推定を補正したいので，$\tau_0 > 1$ であることははっきりしており，補正項の候補はいろいろとあるが，τ_0 の不偏推定量は存在せず，正しい補正方法も存在しない (Wooldridge, 2009, pp.211-212). よって，対数正規分布の欠測変数について，その生データにおける平均値を推定したい場合には，3.3 節で導入した比率代入法を用いることが通例である[2].

対数変換したデータを用いた代入モデルに誤差項を追加する多重代入法では，話がやや複雑になる．平均値 0，分散 $\sigma_{u_i}^2$ で正規分布する e_i を指数化すると，(6.5) 式にあるとおり，その平均値はもはや 0 ではない．すなわち，多重代入法による代入値（自然対数）を生データの単位に戻した場合，$\exp(\sigma^2/2)$ 分だけ上ぶれすることがわかる．よって，多重代入法に

---

[2]この方法は，特に，切片が 0 であり，かつ，誤差項の分散が不均一な対数正規分布において有効である．もし，このようなデータを用いた代入法を実行し，その上で，回帰分析などを行いたい場合には Takahashi(2017a, 2017b) にて提唱されている多重比率代入法を利用できる．

表 6.4 シミュレーション結果

欠測処理方法	偏り	RMSE
完全データ	0.004	0.129
リストワイズ	0.318	0.399
多重代入法 (Amelia)	0.004	0.246
確定的単一代入法	0.055	0.251
確率的単一代入法	0.007	0.261

よる代入値（自然対数）を生データの単位に戻すには (6.7) 式のとおり，二重に補正することになる．

$$\hat{Y}_i = \exp\left(\frac{\sigma^2}{2}\right) \exp(\widehat{\log(Y_i)}) \exp\left(\frac{-\sigma^2}{2}\right) \tag{6.7}$$

　結果，(6.7) 式では，$\exp(\sigma^2/2)\exp(-\sigma^2/2) = 1$ という関係が成り立っている．すなわち，多重代入法では，自然対数から生データに代入値を変換する際に，特別な補正を行う必要がないのである．これは，経済データの代入における多重代入法の副次的な利益といえる[3]．

　表 6.4 は，小規模なモンテカルロ・シミュレーションによって，対数変換したデータに対する多重代入法の補正効果を確認したものである．変数 Y と変数 X は，それぞれ平均値 100，標準偏差 16 の対数正規分布に従う変数であり，相関係数は 0.3 である．データの生成は，R パッケージ MethylCapSig の mvlognormal 関数を用いた (Ayyala et al., 2015)．変数 X が中央値以上の場合，変数 Y に 8 割の確率で欠測を発生し，変数 X が中央値未満の場合，変数 Y に 6 割の確率で欠測が発生するようにした．これは，Schafer and Graham(2002, p.156) と同様に，わかりやすい結果が出るように，Y の欠測率を約 70% に設定したものである．標本サイズは 1,000 である．多重代入済みデータ数 M は 100 に設定した．モンテカルロ・シミュレーションの回数は 1,000 回である．母集団における Y の平均値を推定することを目的とする．

　よって，対数正規分布の欠測変数に多重代入法を適用するには，自然

---

[3]この議論は，確率的単一代入法にも当てはまるが，表 6.4 のシミュレーション結果からわかるとおり，確率的単一代入法では，多重代入法と比べて効率性が下がる．

対数に変換を行って分析をすればよい (Schafer, 1997, p.147; Honaker et al., 2011, p.13; van Buuren, 2012, p.66; Raghunathan, 2016, p.74).

第 7 章

量的データの多重代入法Ⅰ：
平均値のt検定

　第3章で確認したとおり，平均値の点推定値を算出し，その値を記述統計として使用するなら，確定的単一代入法によって分析すればよい．一方，多くの場合，手元にあるデータは標本であり，そこから母集団の推定を行いたい．そういった場合，単一代入法では標準誤差が不正確となるため，多重代入法を使用する必要がある．本章では，多重代入済みデータを用いた平均値のt検定を扱う．

7.1　多重代入済みデータの平均値と分散の復習

　すでに 4.6 節で見たとおり，M 回の多重代入法から得られた推定値 $\tilde{\theta}_m$ は，(7.1) 式により統合される．また，その分散は，(7.2) 式の代入内分散 $\bar{W}_M$ と (7.3) 式の代入間分散 $\bar{B}_M$ から構成される (7.4) 式の T_M である．これらの詳しい解説は，4.6 節を再度確認されたい．

$$\bar{\theta}_M = \frac{1}{M} \sum_{m=1}^{M} \tilde{\theta}_m \tag{7.1}$$

$$\bar{W}_M = \frac{1}{M} \sum_{m=1}^{M} var(\tilde{\theta}_m) \tag{7.2}$$

$$\bar{B}_M = \frac{1}{M-1} \sum_{m=1}^{M} (\tilde{\theta}_m - \bar{\theta}_M)^2 \tag{7.3}$$

$$T_M = \bar{W}_M + \left(1 + \frac{1}{M}\right) \bar{B}_M \tag{7.4}$$

7.2 t 検定の概論

　完全データにおける平均値の検定では，通常，母分散 σ^2 が不明なため，標本分散 s^2 を代わりに用いて，(7.5) 式の t 値によって平均値の検定を行う．この検定統計量 t は，帰無仮説 $H_0 : \mu = \mu_0$ の下で自由度 $n-1$ の t 分布に従う (DeGroot and Schervish, 2002, p.486).

$$t = \frac{\bar{X} - \mu_0}{s/\sqrt{n}} \tag{7.5}$$

　なお，完全データにおける t 検定に関する解説は，青木 (2009, pp.121-122)，飯田 (2013, pp.11-17)，迫田・高橋・渡辺 (2014, pp.73-99)，河村 (2015, pp.46-55) なども参照されたい.

7.2.1   多重代入済みデータを用いた t 検定

　不完全データにおける平均値の検定でも，通常，母分散 σ^2 は不明なため，$\bar{\theta}_M$ の検定は，(7.6) 式の t 値を用いて行う．ここで，t_ν は自由度 ν の t 分布に従う (Enders, 2010, p.231; van Buuren, 2012, pp.42-45). データの一部が欠測しているため，自由度の計算が複雑である.

$$t_\nu = \frac{\bar{\theta}_M - \theta_0}{\sqrt{T_M}} \tag{7.6}$$

7.2.2   多重代入済みデータを用いた自由度の算出

　(7.7) 式は，欠測データに起因する分散の比率 λ（ラムダ）である．ここで，$\bar{B}_M$ は代入間分散であり，T_M は全体の分散である．λ は，複数の代入を行った際に生じる代入間分散 $\bar{B}_M$ の全分散 T_M に対する割合であ

る．もし λ が 0.5 よりも高ければ，最終結果に対する代入モデルの影響
は，完全データモデルの影響よりも大きいと考えることができる (van
Buuren, 2012, p.41).

$$\lambda = \frac{\bar{B}_M + \bar{B}_M/M}{T_M} \tag{7.7}$$

(7.8) 式は，λ を用いて，代入の不確実性にまつわる分散の相対的な増
加 r を表したものである（Allison, 2002, p.47; Enders, 2010, p.226; van
Buuren, 2012, p.41; Carpenter and Kenward, 2013, p.41; 阿部, 2016,
p.96）．

$$r = \frac{\lambda}{1 - \lambda} = \frac{(1 + 1/M)\bar{B}_M}{\bar{W}_M} \tag{7.8}$$

(7.9) 式は，θ に関する欠測情報の比率 γ（ガンマ）であり，FMI(frac-
tion of missing information) と略されることも多い．この情報を算出する
には，自由度 ν を推定する必要がある（Allison, 2002, p.49; van Buuren,
2012, p.41; Carpenter and Kenward, 2013, p.40; 阿部, 2016, p.96）．γ
が 0.5 を超えると，高い値とみなされる (van Buuren, 2012, p.42).

$$\begin{aligned}
\gamma &= \frac{\bar{W}_M^{-1} - (\nu + 1)\{(\nu + 3)(\bar{W}_M + (1 + 1/M)\bar{B}_M)\}^{-1}}{\bar{W}_M^{-1}} \\
&= \frac{r + 2/(\nu + 3)}{1 + r}
\end{aligned} \tag{7.9}$$

van Buuren(2012, p.41) は，(7.7) 式の λ と (7.9) 式の γ を混同してい
る文献がよく見られると指摘している．実際に，Enders(2010, p.225) と
Raghunathan(2016, p.78) は，(7.7) 式の λ を FMI と呼んでいる．欠測に
よる分散の割合 λ と欠測情報の割合 γ は，似ているが異なる概念である．

自由度 ν は (7.10) 式のとおり定義される (Barnard and Rubin, 1999,
pp.948-949; Enders, 2010, p.231; van Buuren, 2012, pp.42-43)．こ
こで，ν_1 は (7.11) 式であり，ν_2 は (7.12) 式である．また，k はパラメー
タの数であり，n は標本サイズである．(7.3) 式によって $\bar{B}_M$ を計算し，
(7.4) 式によって T_M を計算すれば，(7.7) 式によって λ を計算できる．
この λ に n と k の情報を追加して自由度 ν を計算することができる．

$$\nu = \left(\frac{1}{\nu_1} + \frac{1}{\nu_2}\right)^{-1} = \frac{\nu_1\nu_2}{\nu_1 + \nu_2} \tag{7.10}$$

$$\nu_1 = (M-1)\left(1 + \frac{\bar{W}_M}{\bar{B}_M + \bar{B}_M/M}\right)^2 = \frac{M-1}{\lambda^2} \tag{7.11}$$

$$\nu_2 = \frac{n-k+1}{n-k+3}(n-k)(1-\lambda) \tag{7.12}$$

7.3 データ

表 7.1 のデータは，観測数 20 人，変数 2 個のシミュレーションデータ
である．収入の単位は 1 万円，年齢の単位は 1 歳とする．合計で 40 個の
データが記録されているが，空白のセルは無回答により欠測している．

下記のとおりデータを読み込む．データを CSV ファイルとして保持し

表 7.1 収入と年齢の欠測データの例

ID	収入	年齢
1	244	22
2	200	24
3		30
4	215	32
5	432	34
6	439	37
7	346	38
8	452	41
9	526	42
10		43
11	486	44
12		45
13	424	46
14	507	48
15		49
16	571	50
17		51
18		55
19	726	57
20		60

ているなら，1.1 節で説明したとおり read.csv 関数によって読み込む．

```
income<-c(244,200,NA,215,432,439,346,452,526,NA,486,NA,424,507,NA,
          571,NA,NA,726,NA)
age<-c(22,24,30,32,34,37,38,41,42,43,44,45,46,48,49,50,51,55,57,60)
df1<-data.frame(income,age)
attach(df1)
```

7.4　R パッケージ Amelia による t 検定

　R パッケージ Amelia と MKmisc によって t 検定を実施する方法は，表 7.2 のとおりである．帰無仮説を $H_0 : \mu = 300$ とし，対立仮説を $H_1 : \mu \neq 300$ としよう．多重代入法を t 検定に適用した分析例は，Flegal et al.(2009) を参照されたい．

　1 行目にて R パッケージ Amelia と MKmisc を起動する．Amelia によって実行した多重代入済みデータを用いて，平均値の t 検定を行うには，R パッケージ MKmisc を使用すると便利である (Kohl, 2016)．残念ながら，このパッケージは，R パッケージ norm と mice には対応していないが，norm と mice による平均値の t 検定のやり方も後述する．2 行目にて多重代入済みデータ数 M を指定する．3 行目にて，再度同じ結果を得られるように set.seed 関数によって任意のシード値を設定しておく．4 行目にて，多重代入法を実行する．この後，本来ならば，第 6 章で紹介したとおり，統計分析を行う前に代入モデルの診断を行うべきである．診断の結果次第では，代入モデルの指定方法を変更したり，変数を変換したり，他の補助変数を追加したりする必要がある．5 行目にて mi.t.test 関数

表 7.2　Amelia と MKmisc による t 検定

```
1 | library(Amelia); library(MKmisc)
2 | M<-5
3 | set.seed(1)
4 | a.out<-amelia(df1,m=M)
5 | mi.t.test(a.out$imputations, x="income", mu=300)
```

を用いて t 検定を実行する．最初の引数は多重代入済みデータであり，
Amelia では多重代入済みデータを a.out$imputations に格納している．
引数 x=の右辺に検定を行う変数の名前（ここでは income）を指定する．
mu=の右辺に帰無仮説の値（ここでは 300）を指定する．

t 検定の結果は，以下のとおりである．t 値は 4.6463，自由度 ν は
16.617，p 値は 0.0002446，95% 信頼区間は (390.6091, 541.8285)，平均
値の点推定値は 466.2188 である．この結果から，5% の有意水準で帰無
仮説 $H_0 : \mu = 300$ を棄却できる．

```
        Multiple Imputation One Sample t-test

data:  Variable income
t = 4.6463, df = 16.617, p-value = 0.0002446
alternative hypothesis: true mean is not equal to 300
95 percent confidence interval:
 390.6091 541.8285
sample estimates:
    mean        SD
466.2188 159.9868
```

ここまで得た結果は，R パッケージ mice の pool.scalar 関数を用い
て計算することもできる．この関数は，表 7.3 の値を返す (van Buuren

表 7.3 pool.scalar 関数

名称	記号	R の出力
多重代入済みデータ数 M	M	$m
M 個の推定値	$\hat{\theta}_m$	$qhat
代入内分散	$var(\hat{\theta}_m)$	$u
統合した推定値	$\bar{\theta}_M$	$qbar
統合した代入内分散	$\bar{W}_M$	$ubar
統合した代入間分散	$\bar{B}_M$	$b
全体の分散	T_M	$t
代入の不確実性にまつわる分散の相対的な増加	r	$r
自由度	ν_1	$df
θ に関する欠測情報の比率	γ	$fmi
欠測データに起因する分散の比率	λ	$lambda

表 **7.4**　Amelia による t 検定

```
1   library(Amelia); library(mice)
2   M<-5; set.seed(1); a.out<-amelia(df1,m=M)
3   n<-nrow(df1); mu<-300
4   Q<-rep(NA, M); U<-rep(NA, M)
5   for(i in 1:M){
6     Q[i]<-mean(a.out$imputations[i][[1]]$income)
7     U[i]<-var(a.out$imputations[i][[1]]$income)/n
8   }
9   poolQ<-pool.scalar(Q,U,method="rubin")
10  qbar<-poolQ$qbar
11  TotalVar<-poolQ$t
12  lambda<-poolQ$lambda
13  v1<-(M-1)/lambda^2
14  v2<-((n-1+1)/(n-1+3))*(n-1)*(1-lambda)
15  v<-(v1*v2)/(v1+v2)
16  t<-(qbar-mu)/sqrt(TotalVar)
17  p<-pt(t, v, lower.tail=F)*2
18  t; v; p; qbar; sqrt(TotalVar*n)
```

and Groothuis-Oudshoorn, 2011, p.49).

　R パッケージ MKmisc を使わずに，Amelia によって t 検定を実行する方法は，表7.4 のとおりである.

　1行目でR パッケージ Amelia と mice の読み込みを行う．2行目は，先ほどと同様である．3行目に，データの行数をカウントする nrow 関数を用いて標本サイズ n を指定し，帰無仮説の値も 300 と指定している．4行目にて，空のベクトルを定義しそれぞれ Q と U の名前を付値する．

　5行目から8行目において，for ループによって，これらの空のベクトルに計算結果を格納する．for ループについては，1.4節を参照されたい．6行目では，代入済み変数の平均値を計算し，7行目では，代入済み変数の分散を計算している．a.out$imputations[i][[1]]$income の意味は以下のとおりである．a.out$imputations[i] は i 回目の代入済みデータを意味している．a.out$imputations[i][[1]] は1列目の変数を指し，a.out$imputations[i][[1]]$income と指定することで，income

という名前の 1 列目の変数を指定している.

　9 行目では，pool.scalar 関数によって，表 7.3 の戻り値を計算している．10 行目から 12 行目において，必要となる戻り値にそれぞれ qbar, TotalVar, lambda と名前を付値している．13 行目から 15 行目において，(7.10) 式，(7.11) 式，(7.12) 式に値を入力し，自由度を計算している．16 行目において t 値を計算し，17 行目において p 値を計算している．18 行目において，結果を表示している．これらの結果は，mi.t.test 関数によって算出した結果と同じである．なお，poolQ と入力すれば，pool.scalar 関数によって計算した結果が表示される．

7.5　R パッケージ mice による t 検定

　表 7.4 とほぼ同様の手順で，R パッケージ mice によって生成した多重代入済みデータを用いた t 検定を行うことも可能である．必要な R コードは，表 7.5 のとおりである．

表 7.5　mice による t 検定

```
1   library(mice); library(norm2)
2   M<-5; mu<-300
3   emResult<-emNorm(df1,iter.max=10000)
4   max1<-emResult$iter*2
5   imp<-mice(data=df1,m=M,seed=1,meth="norm",maxit=max1)
6   n<-nrow(df1);Q<-rep(NA,M); U<-rep(NA,M)
7   for(i in 1:M){
8     Q[i]<-mean(complete(imp,i)$income)
9     U[i]<-var(complete(imp,i)$income)/n
10  }
11  poolQ<-pool.scalar(Q,U,method="rubin")
12  qbar<-poolQ$qbar; TotalVar<-poolQ$t; lambda<-poolQ$lambda
13  v1<-(M-1)/lambda^2; v2<-((n-1+1)/(n-1+3))*(n-1)*(1-lambda)
14  v<-(v1*v2)/(v1+v2); t<-(qbar-mu)/sqrt(TotalVar)
15  p<-pt(t, v, lower.tail=F)*2
16  t; v; p; qbar; sqrt(TotalVar*n)
```

7.6　R パッケージ norm による t 検定

表 7.4 とほぼ同様の手順で，R パッケージ norm によって生成した多重代入済みデータを用いた t 検定を行うことも可能である．必要な R コードは，表 7.6 のとおりである．

表 7.6　norm による t 検定

```
1   library(norm2); library(mice)
2   M<-5; set.seed(1); mu<-300
3   emResult<-emNorm(df1,iter.max=10000)
4   max1<-emResult$iter*2
5   imp.list<-as.list(NULL)
6   for(j in 1:M){
7     mcmcResult<-mcmcNorm(emResult,iter=max1)
8     imp.list[[j]]<-impNorm(mcmcResult)
9   }
10  n<-nrow(df1);Q<-rep(NA,M);U<-rep(NA,M)
11  for(i in 1:M){
12    Q[i]<-mean(imp.list[[i]][,"income"])
13    U[i]<-var(imp.list[[i]][,"income"])/n
14  }
15  poolQ<-pool.scalar(Q,U,method="rubin")
16  qbar<-poolQ$qbar; TotalVar<-poolQ$t; lambda<-poolQ$lambda
17  v1<-(M-1)/lambda^2; v2<-((n-1+1)/(n-1+3))*(n-1)*(1-lambda)
18  v<-(v1*v2)/(v1+v2); t<-(qbar-mu)/sqrt(TotalVar)
19  p<-pt(t, v, lower.tail=F)*2
20  t; v; p; qbar; sqrt(TotalVar*n)
```

第 **8** 章

量的データの多重代入法II：
重回帰分析

前章では，単変量の平均値に関する検定方法を確認した．しかし，社会科学では，2つ以上の変数間の因果関係の構築を目指すことが多い．特に，他の変数の影響を制御できる重回帰分析は，最も基本的なモデルとして重用されている（河村, 2015, p.69）．本章では，多重代入済みデータを用いた重回帰分析とその診断方法を示す．

8.1 重回帰分析概論

データ内に2つの量的変数が記録されているとしよう．この場合，(8.1) 式の線形単回帰モデルとして表現することができる．

$$Y_i = \beta_0 + \beta_1 X_i + \varepsilon_i \tag{8.1}$$

データから，回帰係数 β_0 と β_1 の推定を行うが，3.2 節で見たとおり，この値は最小二乗法 (OLS) によって推定できる．

標本サイズ 20 のデータ内に4つの量的変数が記録されているとしよう．つまり，$\mathbf{D} = \{Y_i, X_{1i}, X_{2i}, X_{3i}\}$ である．この場合，(8.2) 式の線形重回帰モデルとして表現することができる．より一般的に，標本サイズを n とし，変数の数を p とする．$\mathbf{X}$ は $n \times p$ の行列であり，具体的には

20×4 の行列である[1].$\mathbf{Y}$ は $n \times 1$ のベクトルであり,具体的には 20×1 のベクトルである.この場合,(8.2) 式を行列形式で表現すると,(8.3) 式のとおりであり,その中身は (8.4) 式である.

$$Y_i = \beta_0 + \beta_1 X_{1i} + \beta_2 X_{2i} + \beta_3 X_{3i} + \varepsilon_i \tag{8.2}$$

$$\mathbf{Y} = \mathbf{X}\boldsymbol{\beta} + \boldsymbol{\varepsilon} \tag{8.3}$$

$$
\begin{bmatrix} Y_1 \\ Y_2 \\ \vdots \\ Y_n \end{bmatrix}
=
\begin{bmatrix}
1 & X_{11} & X_{21} & \cdots & X_{p-1,1} \\
1 & X_{12} & X_{22} & \cdots & X_{p-1,2} \\
\vdots & \vdots & \vdots & \ddots & \vdots \\
1 & X_{1n} & X_{2n} & \cdots & X_{p-1,n}
\end{bmatrix}
\begin{bmatrix} \beta_0 \\ \beta_1 \\ \vdots \\ \beta_{p-1} \end{bmatrix}
+
\begin{bmatrix} \varepsilon_1 \\ \varepsilon_2 \\ \vdots \\ \varepsilon_n \end{bmatrix}
\tag{8.4}
$$

先ほどと同様,データから回帰係数 $\boldsymbol{\beta}$ の推定を行う.(8.5) 式のとおり推定される (Gujarati, 2003, p.933).ここで,$(\mathbf{X}'\mathbf{X})^{-1}$ は $p \times p$ の行列であり,$\mathbf{X}'$ は $p \times n$ の転置行列であり,$\mathbf{Y}$ は $n \times 1$ のベクトルなので,$\hat{\boldsymbol{\beta}}$ は $p \times 1$ のベクトルである.(8.2) 式の場合,$(\mathbf{X}'\mathbf{X})^{-1}$ は 4×4 の行列であり,$\mathbf{X}'$ は 4×20 の行列であり,$\mathbf{Y}$ は 20×1 のベクトルなので,$\hat{\boldsymbol{\beta}}$ は 4×1 のベクトルである.

$$\hat{\boldsymbol{\beta}} = (\mathbf{X}'\mathbf{X})^{-1}\mathbf{X}'\mathbf{Y} \tag{8.5}$$

R では,1m 関数によって実行できる.なお,完全データにおける重回帰分析に関する解説は,金 (2007, pp.134-147),青木 (2009, pp.139-146),飯田 (2013, pp.27-53),迫田・高橋・渡辺 (2014, pp.197-201),河村 (2015, pp.61-73),森・黒田・足立 (2017, pp.1-37) なども参照されたい.

---

[1]行列 $\mathbf{X}$ の最初の列は,定数項を計算するために n 個の 1 が並んでいる.2 列目以降が X_{1i}, X_{2i}, X_{3i} である.

表 **8.1** 変数の欠測率（228 か国）

変数	欠測率
一人当たりの GDP(gdp)	0.0%
Freedom House の指標 (freedom)	15.4%
中央銀行の金利 (centralbank)	32.9%
ジニ係数 (gini)	37.3%

出典：CIA(2016)，Freedom House(2016)

8.2 データ

社会科学者は，国別の経済発展の決定要因についてさまざまな議論をしており (Barro, 1997; Feng, 2003; Acemoglu et al., 2005)，本書では第 1 章から，CIA(2016) と Freedom House(2016) のデータを用いてきた．本章では，一人当たりの GDP を被説明変数とし，Freedom House の指標，中央銀行の金利，ジニ係数を説明変数とする重回帰モデルを構築する．しかしながら，表 8.1 に示すとおり，説明変数には，15.4%〜37.3% の欠測が発生している．したがって，多重代入法によって説明変数の欠測を処理した上で重回帰分析を実行する．

228 か国のデータから無作為に抽出した 20 か国のデータを使用する．表 8.2 のデータを CSV ファイルで保持しているとしよう．

read.csv 関数を用いて R にデータを読み込む[2]．データ内の country という変数は，行の名前なので，row.names="country"と指定し，他のデータとは区別する．summary 関数により基本統計量が示され，欠測値 (NA) の数が示されている．

```
>df1<-read.csv(file.choose(),header=TRUE,row.names="country")
>attach(df1)
```

---

[2]前節から続けて df1 を attach しても，マスクされた変数に新たな df1 の変数が反映されないため，R のセッションは各節でリセットする必要がある．

表 8.2　20 か国の政治・経済に関する実データ（2016 年）

country	gdp	freedom	centralbank	gini
アンギラ	12200		6.5	
アルバ	25300		1.0	
バルバドス	16700	98	7.0	
ベリーズ	8300	87	18.0	
ボリビア	7000	68	4.5	46.6
ブルンジ	800	19	11.3	42.4
カーボベルデ	6500		7.5	
コンゴ民主共和国	800	25	4.0	
イスラエル	34100	80	0.1	42.8
日本	38100	96	0.3	37.9
レソト	3000	67	6.8	63.2
ルクセンブルク	99500	98	0.1	30.4
マカオ	101300			35.0
モーリタニア	4300	30	9.0	39.0
モンテネグロ	16000	70		26.2
モントセラト	8500		11.0	
スイス	58600	96	0.5	28.7
タジキスタン	2800	16	4.8	32.6
米国	56100	90	0.5	45.0
ウズベキスタン	6100	3		36.8

出典：CIA(2016)，Freedom House(2016)

```
>summary(df1)
      gdp             freedom         centralbank          gini
 Min.   :    800   Min.   : 3.00   Min.   : 0.100   Min.   :26.20
 1st Qu.:   5650   1st Qu.:27.50   1st Qu.: 0.500   1st Qu.:32.60
 Median :  10350   Median :70.00   Median : 4.800   Median :37.90
 Mean   :  25300   Mean   :62.87   Mean   : 5.465   Mean   :38.97
 3rd Qu.:  35100   3rd Qu.:93.00   3rd Qu.: 7.500   3rd Qu.:42.80
 Max.   : 101300   Max.   :98.00   Max.   :18.000   Max.   :63.20
                   NA's   :5       NA's   :3        NA's   :7
```

　R パッケージ norm と Amelia は，多変量正規分布の仮定を置いている
(Schafer, 1997, p.147; Honaker et al., 2011, p.3)．R パッケージ mice は，
多変量分布を仮定せず，変数ごとに異なったモデルを当てはめることがで
きフレキシブルだが，あくまでもパラメトリックな手法であり，それぞれ

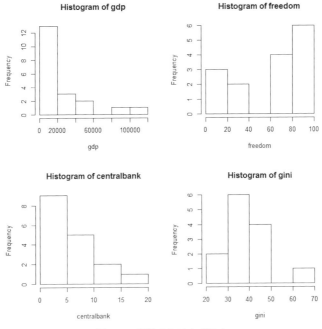

図 8.1　変数のヒストグラム

の変数の条件付き分布の仮定は必要である (van Buuren and Groothuis-Oudshoorn, 2011, p.16). したがって,いずれの手法を用いるとしても,Schafer(1997, p.202) 同様に,まずはデータのヒストグラムを作成して分布の状況を確認するべきである. 次のコードでヒストグラムを作成する. 結果は図 8.1 のとおりである.

```
layout(matrix(1:4,2,2,byrow=TRUE))
hist(gdp); hist(freedom); hist(centralbank); hist(gini)
```

　gini 以外の変数は,明らかに正規分布ではないと考えられる. Schafer (1997, pp.211-212) は,分布が正規でなかったとしても,多くの場合,正規分布モデルを用いて問題がないとしているが,可能な範囲で変数の変換を行い,正規分布を近似することが推奨されている (Honaker et al., 2011, pp.13-16; van Buuren, 2012, pp.65-66; Raghunathan, 2016, pp.73-75).

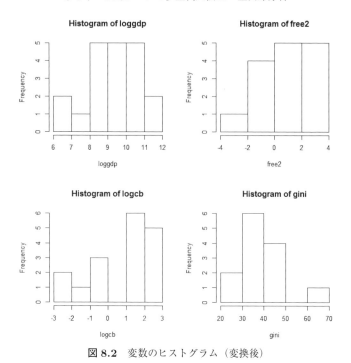

図 8.2　変数のヒストグラム（変換後）

　変数 gdp と centralbank は，経済データによくある右に歪んだ分布である．
自然対数に変換することで正規分布により近似できることが多い．freedom
の値は，最小値が 0，最大値が 100 の変数であるため，$\log(y/(100-y))$
として対数オッズ変換 (log-odds transformation) してみよう．次のコー
ドでヒストグラムを作成する．結果は図 8.2 のとおりである．

```
loggdp<-log(gdp); free2<-log(freedom/(100-freedom))
logcb<-log(centralbank)
layout(matrix(1:4,2,2,byrow=TRUE))
hist(loggdp); hist(free2); hist(logcb); hist(gini)
```

　小規模データであるため，変換の効果がはっきりしていないが，loggdp
は山なりの分布となっている．free2 および logcb も，全データ 228 か国
を用いた場合，正規分布により近似できる．よって，gdp と centralbank
は，自然対数に変換するものとする．しかしながら，freedom について

表 **8.3** Amelia による重回帰分析

```
1  dataset<-data.frame(loggdp,freedom,logcb,gini)
2  library(Amelia); library(miceadds); library(mice)
3  M<-5; set.seed(1)
4  a.out<-amelia(dataset,m=M)
5  a.mids<-datlist2mids(a.out$imputations)
6  modelA<-lm.mids(loggdp~freedom+logcb+gini,data=a.mids)
7  summary(pool(modelA))
8  pool.r.squared(modelA)
```

は，本書では，元の変数のまま使用する．理由は，対数オッズ変換の場合，0 と 100 の値を変換できないことと，係数の解釈が困難になるからである (Wooldridge, 2002, p.662).

8.3 Rパッケージ Amelia による重回帰分析

表 8.2 のデータに必要な変換を施した上で，R パッケージ Amelia により多重代入法を実行し，重回帰分析を行う方法は，表 8.3 のとおりである．多重代入法を重回帰分析に適用した分析例は，Brehm and Gates (1993) を参照されたい．

1 行目において，変換した変数を dataset という名前でデータフレーム化する．多重代入済みデータの分析には，いろいろな R パッケージを使用できるが，今回は miceadds を利用するので，2 行目で起動しておく (Robitzsch et al., 2017)．また，R パッケージ mice の機能も活用するので，mice も同時に起動しておく．4 行目で多重代入法を実行する．

実際に分析を行う前に，第 6 章で紹介したとおり，代入モデルの診断を行うべきである．診断の結果次第では，代入モデルの指定方法を変更したり，変数を変換したり，他の補助変数を追加したりする必要がある．

これまで見てきたとおり，Amelia による多重代入済みデータは，a.out$imputations に格納されている．5 行目では，datlist2mids 関数を用いることで，クラス amelia のオブジェクトをクラス mids に変換する．6 行目では，lm.mids 関数により重回帰分析を実行する．指定の仕

方は，通常の lm 関数と同じである．7 行目において，pool 関数を用いて
モデルを統合し，summary 関数によって結果を表示している．8 行目にお
いて，pool.r.squared 関数によって決定係数 R^2 を統合する．この関数
は，4.6 節で説明した Harel(2009) のルールを用いて決定係数 R^2 を統合
するものである (van Buuren and Groothuis-Oudshoorn, 2011, p.49).

　summary 関数と pool.r.squared 関数による分析結果は以下のとおり
である．上段の左から順に，回帰係数 (est)，標準誤差 (se)，t 値 (t)，
自由度 (df)，p 値 (Pr(>|t|)) が報告されている．下段の左から順に，
95％ 信頼区間の下限 (lo 95)，95％ 信頼区間の上限 (hi 95)，欠測値の
数 (nmis)，θ に関する欠測情報の比率 (fmi)，欠測データに起因する分
散の比率 (lambda) が報告されている．また，R^2 の est が決定係数であ
る．

```
> summary(pool(modelA))
                    est            se          t           df      Pr(>|t|)
(Intercept)  8.74357832  0.846926076  10.323898   3.800717  0.0006433031
freedom      0.02822883  0.006428569   4.391153  12.268063  0.0008346580
logcb       -0.36434013  0.132923978  -2.740966  13.127120  0.0167025382
gini        -0.02564721  0.023927209  -1.071885   4.210489  0.3413255875
                  lo 95        hi 95 nmis       fmi       lambda
(Intercept)  6.34270269  11.14445395   NA  0.7161685  0.59792307
freedom      0.01425605   0.04220161    5  0.2265894  0.11000707
logcb       -0.65122251  -0.07745776    3  0.1841370  0.06863388
gini        -0.09079031   0.03949588    7  0.6824336  0.56053856

> pool.r.squared(modelA)
          est       lo 95      hi 95        fmi
R^2 0.8978651  0.5646059  0.9797739  0.7281658
```

　結果の解釈は，完全データの場合と同じである．変数 freedom($p =$
0.001) と logcb($p = 0.017$) は 5％ 水準で統計的に有意であるが，変数
gini($p = 0.341$) は 5％ 水準で統計的に有意ではない．決定係数 R^2 は
0.8979 なので，このモデルによって log(gdp) の変動の 89.79％ を説明で
きる．

結果を数式の形で表せば，(8.6) 式のとおりである．ここで，F_i は freedom，C_i は centralbank，G_i は gini を表す．

$$\log(\widehat{\mathrm{GDP}_i}) = 8.744 + 0.028 F_i - 0.364 \log(C_i) - 0.026 G_i \qquad (8.6)$$

一部の変数は，自然対数に変換されているので，係数の解釈はパーセント変化と弾力性 (elasticity) を表す (Wooldridge, 2009, pp.189-192).

F_i の係数 0.028 は，100 倍することで，変数 freedom が 1 ユニット変化したとき，gdp がおよそどれぐらいのパーセント変化をしているかを表す[3]．G_i の係数 −0.026 も同様である．$\log(C_i)$ の係数 −0.364 は，変数 centralbank に関する変数 gdp の弾力性を表し，変数 centralbank が 1% 変化した場合に変数 gdp が何 % 変化するかを示している．

つまり，他の変数の値が一定の場合，freedom が 1 ユニット増加すると，gdp はおよそ $100 \times 0.028 = 2.8\%$ 増加する．他の変数の値が一定の場合，centralbank の値が 1% 増加すると，gdp は 0.364% 減少する．他の変数の値が一定の場合，gini が 1 ユニット増加すると，gdp はおよそ $100 \times 0.026 = 2.6\%$ 減少するが，この結果は統計的に有意ではない．

8.4 回帰診断

ガウス・マルコフの仮定は，パラメータに関する線形性，無作為抽出，完全な多重共線性がないこと，誤差項の条件付き期待値 0，均一分散である (Wooldridge, 2009, pp.84-94)．これらの仮定が満たされているとき，最小二乗法 (OLS) による推定量は，最良線形不偏推定量 (BLUE) である．また，小標本における推定を可能とするためには，誤差項の正規性も必要とされる (Wooldridge, 2009, p.118)．そこで，これらの仮定に影響を与える項目として，Fox(1991) は，誤差項の正規性，不均一分散，多重共線性，外れ値を回帰診断 (regression diagnostics) の項目として挙げている．

---

[3]厳密には，$100[\exp(0.028) - 1] \approx 2.84$ だが，上記の方法とほぼ一致し，計算がしやすい．

　各々の多重代入済みデータに対して重回帰モデルを構築した後で，それ
ぞれのモデルに対して残差 $\hat{u}_i$ を算出する．観測データに対しては $\hat{u}_{i,\mathrm{obs}}$
$= Y_{i,\mathrm{obs}} - \hat{Y}_i$ であり，代入済みデータに対しては $\hat{u}_{i,\mathrm{mis}} = \tilde{Y}_i - \hat{Y}_i$ である
(Nguyen et al., 2017, p.7).

8.4.1　誤差項の正規性

　ジャック・ベラの正規性検定（JB 検定：Jarque-Bera test of normality）
を用いて，誤差項の正規性を検証する．この検定は，最小二乗法 (OLS)
による残差の歪度 (skewness) と尖度 (kurtosis) を計算し，(8.7) 式の検定
統計量 JB を用いる (Gujarati, 2003, p.148)．ここで，n は標本サイズ，
S は歪度，K は尖度である．

$$\mathrm{JB} = n\left[\frac{S^2}{6} + \frac{(K-3)^2}{24}\right] \tag{8.7}$$

　JB 検定における仮説は，以下のとおりである．

$$H_0：誤差項は正規分布である$$
$$H_1：誤差項は正規分布でない$$

　したがって，検定の結果，帰無仮説を棄却できない方が好ましい結果で
ある．すなわち，p 値が 0.05 よりも大きいことが望ましい．R では，パ
ッケージ normtest の jb.norm.test 関数を用いればよい (Gavrilov and
Pusev, 2015)．具体的な方法は表 8.4 に示すとおりである．4 行目では，i
番目の多重代入済みデータ a.out$imputations[i][[1]] を用い，
loggdp を被説明変数とし，残りの変数すべてを用いた重回帰モデルを構
築している．
　下記のとおり，M 個の p 値はすべて 0.05 よりも大きく，誤差項は正規
分布であるという帰無仮説を棄却しない．よって，誤差項の正規性に問題
はないと判断できる[4].

---

[4] 統計的仮説検定の非対称性のため，帰無仮説を棄却しないことは，帰無仮説を採択す
　ることと同義ではない．よって，この結果の厳密な解釈は，「誤差項の正規性に問題
　があるという証拠はない」である．

表 **8.4** JB 検定による誤差項の正規性の診断

```
1  library(normtest)
2  JB<-matrix(NA,M,1)
3  for(i in 1:M){
4    model<-lm(loggdp~.,data=a.out$imputations[i][[1]])
5    residuals<-resid(model)
6    JB[i,1]<-jb.norm.test(residuals)$p.value
7  }
8  summary(JB)
```

```
> summary(JB)
       V1
 Min.   :0.3040
 1st Qu.:0.3850
 Median :0.8245
 Mean   :0.6713
 3rd Qu.:0.9020
 Max.   :0.9410
```

8.4.2 不均一分散

ブルーシュ・ペイガン検定（BP 検定：Breusch-Pagan test）を用いて，不均一分散の検証を行う．この検定の基本的なメカニズムは以下のとおりである (Gujarati, 2003, p.411). (8.8) 式の p 変量線形回帰モデルの下で，誤差項 ε_i の分散 σ_i^2 は非確率的な変数 Z の線形関数 (8.9) 式として記述されるとしよう．

$$Y_i = \beta_0 + \beta_1 X_{1i} + \cdots + \beta_{p-1} X_{p-1,i} + \varepsilon_i \tag{8.8}$$

$$\sigma_i^2 = \alpha_0 + \alpha_1 Z_{1i} + \cdots + \alpha_m Z_{mi} \tag{8.9}$$

もし $\alpha_1 = \cdots = \alpha_m = 0$ であれば，$\sigma_i^2 = \alpha_0$ を意味し，σ_i^2 は定数である．つまり，分散 σ_i^2 が均一かどうかを検定するには，$\alpha_1 = \cdots = \alpha_m = 0$ を帰無仮説として検定を行えばよい．よって，BP 検定における

表 8.5　BP 検定による誤差項の不均一分散の診断

```
1  library(lmtest)
2  BP<-matrix(NA,M,1)
3  for(i in 1:M){
4    model<-lm(loggdp~.,data=a.out$imputations[i][[1]])
5    BP[i,1]<-bptest(model)$p.value
6  }
7  summary(BP)
```

仮説は，以下のとおりである.

$$H_0：誤差項の分散は均一である$$

$$H_1：誤差項の分散は均一でない$$

したがって，検定の結果，帰無仮説を棄却できない方が好ましい結果である．すなわち，p 値が 0.05 よりも大きいことが望ましい．R では，パッケージ lmtest の bptest 関数を用いればよい (Hothorn et al., 2017)．具体的な方法は表 8.5 に示すとおりである.

下記のとおり，M 個の p 値はすべて 0.05 よりも大きく，誤差項は均一分散であるという帰無仮説を棄却しない．よって，誤差項の分散に問題はないと判断できる[5].

```
> summary(BP)
       V1
 Min.   :0.06597
 1st Qu.:0.07274
 Median :0.08280
 Mean   :0.21219
 3rd Qu.:0.23568
 Max.   :0.60376
```

---

[5]厳密には，「誤差項の分散に問題があるという証拠はない」である.

8.4.3 多重共線性

多重共線性 (multicollinearity) の検証には，分散拡大要因 (VIF: variance inflation factor) を用いる．VIF は (8.10) 式のとおり定義される．$\mathbf{D} = \{Y, X_1, \ldots, X_{p-1}\}$ とした場合，$\mathbf{D}_{\mathrm{VIF}} = \{X_1, \ldots, X_{p-1}\}$ と定義しよう．つまり，$\mathbf{D}_{\mathrm{VIF}}$ は被説明変数 Y 以外の説明変数から構成されている行列である．R_j^2 は，$\mathbf{D}_{\mathrm{VIF}}$ において，j 番目の変数 X_j を被説明変数として用い，残りの $p-2$ 個の変数を説明変数として用いた回帰モデルにおける決定係数である (Gujarati, 2003, p.352).

$$\mathrm{VIF} = \frac{1}{1 - R_j^2} \tag{8.10}$$

VIF の値は，大きくなればなるほど多重共線性の問題が厳しくなってくることを意味するが，一般的に 10 以上の値が発見された場合，R_j^2 が 0.9 を超えていることになり，深刻な問題と判断される (Gujarati, 2003, p.362).

R では，パッケージ car の vif 関数を用いればよい (Fox et al., 2016). 具体的な方法は表 8.6 に示すとおりである．

下記のとおり，M 個の VIF は，すべての変数において 10 よりも小さく，多重共線性に問題はないと判断できる．

表 **8.6** VIF による多重共線性の診断

```
1  library(car)
2  p<-ncol(dataset)
3  VIF<-matrix(NA,M,(p-1))
4  for(i in 1:M){
5    model<-lm(loggdp~.,data=a.out$imputations[i][[1]])
6    VIF[i,]<-vif(model)
7  }
8  summary(VIF)
```

```
> summary(VIF)
        V1                  V2                  V3
 Min.    :1.042     Min.    :1.098     Min.    :1.076
 1st Qu.:1.132     1st Qu.:1.279     1st Qu.:1.233
 Median :1.468     Median :2.082     Median :1.884
 Mean    :1.840     Mean    :2.428     Mean    :2.112
 3rd Qu.:1.566     3rd Qu.:2.352     3rd Qu.:2.281
 Max.    :3.993     Max.    :5.328     Max.    :4.085
```

8.4.4　外れ値

ボンフェローニ外れ値[6]検定 (Bonferroni outlier test) によって，外れ値の検証を行う．この検定では，回帰モデルのスチューデント化残差 (studentized residual) をもとにして t 検定を行い，その p 値をボンフェローニ修正[7]して外れ値を探し出すものである (Fox, 1991, pp.25-28)．その基本的なメカニズムは以下のとおりである．

(8.11) 式のとおり，s は σ の通常の推定値，つまり回帰の標準誤差である．ここで，$e_i = Y_i - \hat{Y}_i$ は，通常の残差である．

$$s = \sqrt{\frac{\sum e_i^2}{n - k - 1}} \tag{8.11}$$

i 番目の観測値が外れ値かどうかを検定したいとしよう．直感的に考えて，i 番目の観測値を含めた分析と除外した分析を行い，その 2 つの結果に違いがあるかどうかを検証すればよいだろう．そこで，i 番目の観測値を除外したときに得られる回帰の標準誤差の推定値を $s_{(-i)}$ とする．これを用いた (8.12) 式のスチューデント化残差 t_i は，自由度 $n - k - 2$ の t 分布に従う (Fox, 1991, pp.25-26)．ここで，h_i は (8.13) 式のとおりであり，変数 X の平均値からの距離を測定しているハット値 (hat-values) で

---

[6]外れ値 (outlier) とは，他の観測値と比べて，非常に大きい，または，小さい観測値のことである (Gujarati, 2003, p.390).

[7]通常，ボンフェローニ修正 (Bonferroni correction) とは，比較する組み合わせの数によって有意水準を割ることで多重比較の問題を回避する方法である（栗原，2011，p.155）が，ここでは，p 値と観測数の積として定義されている (Fox et al., 2016, p.107).

ある.

$$t_i = \frac{e_i}{s_{(-i)}\sqrt{1 - h_i}} \tag{8.12}$$

$$h_i = \frac{1}{n} + \frac{(X_i - \bar{X})^2}{\sum\limits_{j=1}^{n}(X_j - \bar{X})^2} \tag{8.13}$$

ただし，どの観測値が外れ値か事前にはわからないため，i 番目の観測値を順番に 1 つずつ除外しながら回帰分析を繰り返し行う必要がある．そこで，ボンフェローニ修正を施し，多重比較の問題を回避しながら，検定結果を解釈する．

R では，パッケージ car の outlierTest 関数を用いればよい (Fox et al., 2016). 具体的な方法は表 8.7 に示すとおりである.

下記の出力結果における行番号は m 番目の結果を表す．列番号は，今回の設定では，一度に最大で 10 個まで外れ値を表示するようにしている（2 行目の n.out は，検出する外れ値の個数を指定）．1 つしか検出されなかった場合には，同じ値が 10 回報告されている．報告値は，外れ値として検出された観測値番号である．$m = 1$ では，観測値 20 が外れ値である．$m = 2$ では，観測値 19 が外れ値である．$m = 3$ では，観測値 8 が外れ値である．$m = 4$ では，観測値 8 が外れ値である．$m = 5$ では，観測値 19 が外れ値である．

```
> outlier
     [,1] [,2] [,3] [,4] [,5] [,6] [,7] [,8] [,9] [,10]
[1,] "20" "20" "20" "20" "20" "20" "20" "20" "20" "20"
[2,] "19" "19" "19" "19" "19" "19" "19" "19" "19" "19"
[3,] "8"  "8"  "8"  "8"  "8"  "8"  "8"  "8"  "8"  "8"
[4,] "8"  "8"  "8"  "8"  "8"  "8"  "8"  "8"  "8"  "8"
[5,] "19" "19" "19" "19" "19" "19" "19" "19" "19" "19"
```

表 8.7　ボンフェローニ外れ値検定による診断

```
1  library(car)
2  n.out<-10
3  outlier<-matrix(NA,M,n.out)
4  for(i in 1:M){
5    model<-lm(loggdp~.,data=a.out$imputations[i][[1]])
6    outlier[i,]<-names(outlierTest(model, n.max= n.out)$rstudent)
7  }
8  outlier
```

8.5　R パッケージ mice による重回帰分析と診断

　R パッケージ Amelia の場合とほぼ同様の手順で，R パッケージ mice によって生成した多重代入済みデータを用いた重回帰分析と診断を行うことも可能である．必要な R コードは，表 8.8 と表 8.9 のとおりである．なお，表 8.8 では，例示用のデータは小規模であるため，5 行目において EM アルゴリズムを使用する際にエラーメッセージが出るが，全データ 228 か国を用いればエラーは発生しない．また，このエラーメッセージが出ても，そのまま分析を続行すること自体は可能である．

表 8.8　mice による重回帰分析

```
1   dataset<-data.frame(loggdp,freedom,logcb,gini)
2   library(mice); library(norm2); library(miceadds)
3   library(normtest); library(lmtest); library(car)
4   M<-5; seed2<-1
5   emResult<-emNorm(dataset,iter.max=10000)
6   max2<-emResult$iter*2
7   imp<-mice(data=dataset,m=M,seed=seed2,meth="norm", maxit=max2)
8   modelM<-lm.mids(loggdp~freedom+logcb+gini,data=imp)
9   summary(pool(modelM))
10  pool.r.squared(modelM)
```

表 **8.9** mice による重回帰分析の診断

```
1  p<-ncol(dataset); JB<-matrix(NA,M,1)
2  BP<-matrix(NA,M,1); VIF<-matrix(NA,M,(p-1))
3  outlier<-matrix(NA,M,10)
4  for(i in 1:M){
5    miceimp<-complete(imp,i)[,1:p]
6    model<-lm(loggdp~freedom+logcb+gini,data=miceimp)
7    residuals<-resid(model)
8    JB[i,1]<-jb.norm.test(residuals)$p.value
9    BP[i,1]<-bptest(model)$p.value
10   VIF[i,]<-vif(model)
11   outlier[i,]<-names(outlierTest(model, n.max=10)$rstudent)
12 }
13 summary(JB); summary(BP); summary(VIF); outlier
```

8.6 Rパッケージ norm による重回帰分析と診断

Rパッケージ norm によって生成した多重代入済みデータを用いた重回帰分析と診断を行うことも可能であるが，手順が少し煩雑である．必要なRコードは，表8.10と表8.11のとおりである．

表8.10では，2行目と3行目にて，必要なRパッケージの読み込みを行う．5行目については，表8.8と同様の注意が必要である．11行目から22行目にかけて重回帰分析を実行している．回帰係数は，est に格納されている．標準誤差は，se に格納されている．決定係数は，r2.mat に格納されている．24行目の miInference 関数によって回帰係数と標準誤差を統合している．Rパッケージ norm の計算結果には，pool.r.squared 関数を適用できないため，Harel(2009) のルールによる決定係数の統合を手作業で行う必要がある．25行目から32行目にかけて，この作業を実行している．

表8.11は，RパッケージAmeliaの場合とほぼ同様の手順で診断を実施している．

表 8.10　norm による重回帰分析

```
1    dataset<-data.frame(loggdp,freedom,logcb,gini)
2    library(norm2); library(normtest)
3    library(lmtest); library(car)
4    M<-5; set.seed(1)
5    emResult<-emNorm(dataset,iter.max=10000)
6    max1<-emResult$iter*2; imp.list<-as.list(NULL)
7    for(j in 1:M){
8      mcmcResult<-mcmcNorm(emResult,iter=max1)
9      imp.list[[j]]<-impNorm(mcmcResult)
10   }
11   est<-as.list(NULL); se<-as.list(NULL)
12   r2.mat<-matrix(NA,M,1)
13   for(i in 1:M){
14     imp<-imp.list[[i]]
15     imp<-data.frame(imp)
16     glmResult<-glm(loggdp~freedom+logcb+gini, data=imp,
17                    family=gaussian)
18     lmResult<-lm(loggdp~freedom+logcb+gini,data=imp)
19     est[[i]]<-glmResult$coefficients
20     se[[i]]<-sqrt(diag(summary(glmResult)$cov.scaled))
21     r2.mat[i,1]<-summary(lmResult)$r.squared
22   }
23   est;se
24   miInference(est,se)
25   rmat<-matrix(NA,M,1); zmat<-matrix(NA,M,1)
26   for(i in 1:M){
27     rmat[i,1]<-sqrt(r2.mat[i,1])
28     zmat[i,1]<-1/2*log((1+rmat[i,1])/(1-rmat[i,1]))
29   }
30   rc<-mean(zmat)
31   r2bar<-((exp(2*rc)-1)/(exp(2*rc)+1))^2
32   r2bar
```

表 **8.11**　norm による重回帰分析の診断

```
1   JB<-matrix(NA,M,1); BP<-matrix(NA,M,1)
2   p<-ncol(dataset)
3   VIF<-matrix(NA,M,(p-1)); outlier<-matrix(NA,M,10)
4   for(i in 1:M){
5     imp<-imp.list[[i]]
6     imp<-data.frame(imp)
7     lmResult<-lm(loggdp~freedom+logcb+gini,data=imp)
8     residuals<-resid(lmResult)
9     JB[i,1]<-jb.norm.test(residuals)$p.value
10    BP[i,1]<-bptest(lmResult)$p.value
11    VIF[i,]<-vif(lmResult)
12    outlier[i,]<-names(outlierTest(lmResult, n.max=10)$rstudent)
13  }
14  summary(JB); summary(BP); summary(VIF); outlier
```

第 9 章

質的データの多重代入法I：
ダミー変数のある重回帰分析

　第8章では，多重代入済みデータを用いた重回帰分析を実行したが，変数はすべて量的な連続変数であった．しかし，社会科学では，国や地域，世帯の種類，性別などさまざまな質的変数が存在する．そこで，本章では，説明変数に質的データがある場合，つまりダミー変数のある重回帰モデルを扱う．被説明変数に質的データがある場合については，次章にて扱う．

9.1　質的データの代入法に関する議論

　質的データの欠測値をどのように処理するべきかについては，さまざまな議論がある．代入法によって処理せずに，分析段階で処理するべきという指摘もされている．たとえば，「あなたは首相を支持しますか？」という問いに対して，データでは，「はい」または「いいえ」という二値の質的変数として記録されており，いくつかの観測値が欠測しているとしよう．この場合，首相を「支持する人」と「支持しない人」以外に，「どちらともいえない人」や「意見のない人」もいるだろう．このように，もし無回答者の本来あるべき回答が，「はい」または「いいえ」以外ならば，代入法によって欠測値を「はい」または「いいえ」に振り分けることは適切ではない．むしろ，「不明」という特殊カテゴリーを用意し，三値の質的変数として分析するべきである．したがって，代入法は，質的変数より

も量的変数に対して使用されるべきものとされる (de Waal et al., 2011, p.224).

一方,「あなたは2017年10月22日の衆議院議員選挙において投票しましたか?」という問いに対しては,「はい」または「いいえ」以外に回答はありえない.「覚えていない」という回答はありうるが,この場合も実際には「投票をした人」と「投票をしていない人」の二種類しか論理的に存在しえない.このような場合には,何らかの手法に基づく代入法によって欠測値を処理することにも妥当性があるだろう.質的データに対して代入法を用いる場合,3.5節で見たとおり,ホットデック法を用いることが考えられる (de Waal et al., 2011, pp.249-255). ただし,この方法は単一代入法である.

第8章まで用いてきたパラメトリックな多重代入法についても,さまざまな形で質的データへの対応が図られてきた.Schafer(1997, p.334) は,一般位置モデル (general location model) を用いて,R パッケージ norm を拡張し,質的変数を含む欠測データに多重代入法を適用できる R パッケージ cat および mix を開発した.残念ながら,これらのパッケージは非常に不安定であるため,本書では使用しない.

R パッケージ Amelia では,引数として noms= の右辺に質的データを指定することで質的データに対応できる.k 個のカテゴリーを持つ質的変数に対して,各々のカテゴリーについて $k-1$ 個の二値変数を定義する.これら新たな $k-1$ 個のダミー変数を連続変数として扱い,確率として処理した上で,最終的に k 個のカテゴリーを持つ多項変数として構築し直す (Honaker et al., 2011, p.15). この方法は,Allison(2002, pp.39-40) や Schafer and Graham(2002, p.563) により説明されている方法を応用したものである.質的な変数が,たとえば投資行動の有無の記録のように,無回答者が投資を行ったであろう確率を潜在変数として想定できるような場合,Amelia のモデリングは離散変数を考慮に入れており,理論的正当性がある.一方,性別のように,無回答者は男か女のどちらかに決まっており,男である確率というのは意味をなさないかもしれない.そういった本質的に二つの値しかとりえない変数の場合,確率として処理することには

理論的に疑義が生じる可能性がある．

　Ｒパッケージ mice は，代入モデルの選択肢として，引数 meth= の右辺に logreg（ロジスティック回帰モデル），polyreg（多項ロジットモデル），polr（順序ロジットモデル）を指定することによって，質的データの多重代入法に対応している (van Buuren and Groothuis-Oudshoorn, 2011, p.16)．条件付きモデリングの特性を生かし，最もフレキシブルなアルゴリズムであり，質的変数の代入法として実証研究においてよく用いられているようである（高井・星野・野間, 2016, p.133）．

　しかしながら，ジョイントモデリングと条件付きモデリングの間で，質的データの代入法に関する性能差には，異なった報告がされている[1]．Lee and Carlin(2010, p.627) によれば，ジョイントモデリングと条件付きモデリングの優劣差はなく，むしろジョイントモデリングの方が優位な場合があると報告している．一方，Kropko et al.(2014) は，すべての変数が量的変数の場合，ジョイントモデリングと条件付きモデリングの間に優劣差はないが，１つでも質的変数が含まれている場合，条件付きモデリングの方が優位だと主張している．

　さらに，FCS アルゴリズムは，潜在的に互換性のないギブスサンプラー (PIGS: possibly incompatible Gibbs sampler) と揶揄されている (Li et al., 2014)．この点については，古くから問題が指摘されており (Schafer and Graham, 2002, p.169)，FCS アルゴリズムの第一人者である van Buuren and Groothuis-Oudshoorn(2011, p.7) も，条件付き分布と同時分布に互換性がない場合，代入値にどのような影響があるのかわからないと認めている．この件に関して，多重代入法の創始者である Donald B. Rubin の立場は曖昧である．van Buuren(2012) のまえがきにおいて賛辞を送る一方，近年のコメントでは，FCS の有用さは認めつつも理論的背景の脆弱さを危惧している様子が伺える (Rubin, 2017)．FCS は，「近年の理論的研究により適用可能性が広がりつつある」（高井・星野・野間, 2016, pp.136-137）が，まだ研究途上で不明な性質も多い．

---

[1] ジョイントモデリングと条件付きモデリングについては，5.5 節も参照されたい．

したがって，変数に連続性が仮定できない場合にも十分な理論的根拠のあるパラメトリックな多重代入法アルゴリズムは，今のところ存在しないといえる．そこで，ノンパラメトリックな多重ホットデック代入法 (multiple hot deck imputation) が提案されているが (Cranmer and Gill, 2013)，この手法は提案されてから日が浅く，応用研究における実績がほとんどない．よって，質的データの代入法に関しては，現在のところ，決定打といえるものはないが，本書では，応用研究において評判が高いとされる R パッケージ mice による方法を採用する[2]．また，理論的に優れていると期待される R パッケージ hot.deck の多重ホットデックによる方法も紹介する．

9.2 ダミー変数のある重回帰モデル概論

第 8 章に引き続き，経済と民主主義との関係を見ていく．本節では，説明変数の中に質的な変数が含まれており，この質的な変数に欠測が発生しているものとする．

第 8 章まで用いてきた重回帰モデルは，(9.1) 式のとおりである．たとえば，Y_i は一人当たり GDP であり，X_{1i} は中央銀行の金利であり，X_{2i} はジニ係数である．ここに，民主国家と非民主国家という質的な変数を組み入れるには，民主国家を 1，非民主国家を 0 として定義した D_i（ダミー変数：dummy variable）を (9.2) 式のとおり組み入れればよい (Wooldridge, 2009, pp.226-228).

$$Y_i = \beta_0 + \beta_1 X_{1i} + \beta_2 X_{2i} + \varepsilon_i \tag{9.1}$$

$$Y_i = \beta_0 + \beta_1 X_{1i} + \beta_2 X_{2i} + \beta_3 D_i + \varepsilon_i \tag{9.2}$$

ダミー変数の係数 β_3 は，民主国家と非民主国家との間における切片の

---

[2] 連続変数，二値変数，順序変数，多項変数を多数含む構造のデータの場合，順序化単調ブロック (ordered monotone block) による代入法も推奨されている (Li et al., 2014)．単調と非単調な欠測パターンについては，2.2 節を参照されたい．

差を表す．$D_i = 0$ であれば，$\beta_3 D_i = 0$ となり，(9.2) 式は (9.1) 式とな
る．すなわち，非民主国家の切片は β_0 である．一方，$D_i = 1$ であれば，
$\beta_3 D_i = \beta_3$ となり，(9.2) 式は (9.3) 式となる．すなわち，民主国家の切
片は $\beta_0 + \beta_3$ である．β_3 は，2 つのグループにおける平均的な差を意味し
ている．

$$Y_i = (\beta_0 + \beta_3) + \beta_1 X_{1i} + \beta_2 X_{2i} + \varepsilon_i \tag{9.3}$$

なお，完全データにおけるダミー変数を用いた重回帰分析については，
青木 (2009，pp.149-151)，飯田 (2013，pp.38-42)，迫田・髙橋・渡辺
(2014, pp.201-204)，河村 (2015, pp.73-76) なども参照されたい．

9.3　データ

表 9.1 では，freedom を質的な変数として記録している[3]．ここで，
Freedom House のスコアが 50 以上の国を民主主義と定義して 1 とし，50
未満の国を非民主主義と定義して 0 としよう（閾値は任意である）．な
お，例として，連続変数をカテゴリー化しているものであり，実際の分
析において量的変数を二値にコーディングすることを推奨しているもので
はない．

表 9.1 のデータを CSV ファイルで保持しているとしよう．read.csv
関数を用いて R にデータを読み込む．データ内の country は，行の名前
なので，row.names="country"と指定し，データとは区別する．

```
df1<-read.csv(file.choose(),header=TRUE,row.names="country")
attach(df1)
```

summary 関数により基本統計量が示され，欠測値 (NA) の数が示されて
いる．変数 freedom は，0 と 1 の二値の値であるため，最小値と第 1 四
分位値は 0，中央値，第 3 四分位値，最大値は 1 となっている．平均値

---

[3]本章で扱っているモデルは，基本的に，共分散分析 (analysis of covariance) と同じ
　ものである（Kennedy, 2003, p.258; 岩崎, 2015, p.57）．

表 **9.1** 質的変数を含む政治・経済の実データ（2016 年）

country	gdp	freedom	centralbank	gini
アンギラ	12200		6.5	
アルバ	25300		1.0	
バルバドス	16700	1	7.0	
ベリーズ	8300	1	18.0	
ボリビア	7000	1	4.5	46.6
ブルンジ	800	0	11.3	42.4
カーボベルデ	6500		7.5	
コンゴ民主共和国	800	0	4.0	
イスラエル	34100	1	0.1	42.8
日本	38100	1	0.3	37.9
レソト	3000	1	6.8	63.2
ルクセンブルク	99500	1	0.1	30.4
マカオ	101300			35.0
モーリタニア	4300	0	9.0	39.0
モンテネグロ	16000	1		26.2
モントセラト	8500		11.0	
スイス	58600	1	0.5	28.7
タジキスタン	2800	0	4.8	32.6
米国	56100	1	0.5	45.0
ウズベキスタン	6100	0		36.8

出典：CIA(2016)，Freedom House(2016，改)

0.667 は，観測データの 66.7% が 1，すなわち民主主義であることを示している．

```
> summary(df1)
      gdp             freedom         centralbank         gini
 Min.   :   800   Min.   :0.0000   Min.   : 0.100   Min.   :26.20
 1st Qu.:  5650   1st Qu.:0.0000   1st Qu.: 0.500   1st Qu.:32.60
 Median : 10350   Median :1.0000   Median : 4.800   Median :37.90
 Mean   : 25300   Mean   :0.6667   Mean   : 5.465   Mean   :38.97
 3rd Qu.: 35100   3rd Qu.:1.0000   3rd Qu.: 7.500   3rd Qu.:42.80
 Max.   :101300   Max.   :1.0000   Max.   :18.000   Max.   :63.20
                  NA's   :5        NA's   :3        NA's   :7
```

変数 freedom 以外のデータの分布は第 8 章と同じである．よって，第 8 章で検討したとおり，gdp と centralbank は自然対数に変換する．なお，

freedom は質的な変数なので，as.factor 関数を用いてファクターに変換する．R におけるファクターとは，カテゴリー変数を表すものである．

```
loggdp<-log(gdp)
free2<-as.factor(freedom)
logcb<-log(centralbank)
```

9.4 R パッケージ mice によるダミー変数のある 重回帰分析

　R パッケージ mice を用いて，ダミー変数のある重回帰分析を実行する方法は，表 9.2 のとおりである．多重代入法をダミー変数のある重回帰モデルに適用した分析例は，DeSantis et al.(2007) を参照されたい．

　1 行目から 5 行目までは，第 8 章までと同じく準備処理である[4]．6 行目にて，mice 関数を用いて多重代入法を実行する．7 行目の引数 meth= の右辺に使用するモデルを指定する．1 つ目の変数は被説明変数で完全データなので，空白である．2 つ目の変数は二値の質的な欠測変数なので，logreg（ロジスティックモデル）を指定する．3 つ目と 4 つ目の変数は量的な欠測変数なので，norm（線形モデル）を指定する．選択肢については，5.3 節も参照されたい．8 行目から 10 行目までは，これまでと同様である．また，実際に分析を行う前に，第 6 章で紹介したとおり，代入モデルの診断を行うべきである．診断の結果次第では，代入モデルの指定方法を変更したり，変数を変換したり，他の補助変数を追加したりする必要がある．

---

[4]ただし，質的変数を含んでいるため，4 行目の EM アルゴリズムでは，ファクターを数値に変換したというメッセージが出る．あくまでも EM の収束回数を MCMC の収束回数の目安としているだけであり，EM の結果自体を分析に反映させるわけではないので，分析結果そのものには影響ないが，収束回数の判定が正確に行われていないおそれがある．5.6 節で示した方法を用いて，MCMC の収束判定を厳密に行う必要がある．

表 9.2　miceによるダミー変数のある重回帰分析

```
1   dataset<-data.frame(loggdp,free2,logcb,gini)
2   library(mice); library(norm2); library(miceadds)
3   M<-5; seed2<-1
4   emResult<-emNorm(dataset,iter.max=10000)
5   max2<-emResult$iter*2
6   imp<-mice(data=dataset,m=M,seed=seed2,
7           meth=c("","logreg","norm","norm"),maxit=max2)
8   modelM<-lm.mids(loggdp~free2+logcb+gini,data=imp)
9   summary(pool(modelM))
10  pool.r.squared(modelM)
```

```
> summary(pool(modelM))
                   est          se         t       df     Pr(>|t|)
(Intercept) 10.19373857  1.17854212  8.649448  3.183259 0.002578345
free22       1.75055931  0.50047544  3.497793 10.286761 0.005509462
logcb       -0.34837082  0.20554292 -1.694881  4.272311 0.160768676
gini        -0.04494492  0.03249729 -1.383036  3.536487 0.247539197
                   lo 95      hi 95 nmis       fmi    lambda
(Intercept)  6.5623341 13.82514305   NA 0.7698248 0.6597790
free22       0.6396299  2.86148873   NA 0.3199984 0.1995030
logcb       -0.9049865  0.20824484    3 0.6774811 0.5551367
gini        -0.1400326  0.05014278    7 0.7387392 0.6235572

> pool.r.squared(modelM)
          est      lo 95     hi 95       fmi
R^2 0.8322225 0.3909877 0.9641344 0.7092439
```

　出力結果の読み方は，第8章の場合と同じであり，変数 logcb と gini の係数の解釈も，第8章と同様に行えばよい．ただし，変数 free22 は質的なダミー変数であるため，第8章とは解釈が異なる．

　ダミー変数を具体的に解釈しよう．0は非民主国家，1は民主国家を意味する．つまり，非民主国家と民主国家の間には平均的に gdp の値に差があり，この結果は5%の水準で統計的に有意な差である($p = 0.006$). 係数1.751は，非民主国家の切片 (Intercept)10.194 に対して，民主国

家の切片が 1.751 高いことを意味している.

しかし，被説明変数は自然対数に変換されているので，解釈にはさらに注意が必要である．被説明変数 $\log(Y_i)$ の回帰モデルにおけるダミー変数の係数 $\hat{\beta}_1$ は，$100 \times [\exp(\hat{\beta}_1) - 1]$ とすることで，2つの集団における予測値の差を表す (Wooldridge, 2009, p.233)．つまり，他の変数の影響が一定ならば，非民主国家と民主国家における gdp の予測値の差は，$100 \times [\exp(1.751) - 1] \approx 475.5\%$ である.

9.5 R パッケージ hot.deck によるダミー変数のある 重回帰分析

R パッケージ hot.deck は，ノンパラメトリックな多重ホットデック代入法を実行するソフトウェアである．以下に，多重ホットデック代入法のアルゴリズムを示す (Cranmer and Gill, 2013, pp.434-435).

不完全データのコピーを M 個作成し，各変数のセルが欠測している場合，類似得点 (affinity score) を計算する．類似得点とは，レシピエント i とドナー d がどの程度似ているかを示すものである．観測されている変数の情報をもととして，どの行の観測データが，欠測値を含む行に最も近い（似ている）かを計算するものである．そのようにして，1つのセルに対する複数のドナー d をグループとして集め，この中から1つの値を無作為に抽出する．この作業を M 個のコピー全体に対して実施する.

たとえば，j 番目の変数の i 番目の観測値 X_{ij} が欠測しているとしよう．X_{ij} と近い $X_{-i,-j}$ を探し出す．ここで，「近い」とは，以下の意味である（δ は任意の定数である）.

$$\text{近い} = \begin{cases} \text{同一カテゴリー} & X_j \text{ が質的変数の場合} \\ \pm\delta \text{ 標準偏差以内} & X_j \text{ が量的変数の場合} \end{cases}$$

$X_{-i,j}$ の欠測していない部分から非復元抽出によって M 個の値を抽出する．もしドナーの数が M 個よりも少ない場合，復元抽出を用いる．代入する必要のある変数すべてに対して，この作業を繰り返す.

表 **9.3**　hot.deck によるダミー変数のある重回帰分析

```
1   dataset<-data.frame(loggdp,free2,logcb,gini)
2   library(hot.deck); library(miceadds); library(lattice)
3   M<-5; set.seed(1)
4   h.out<-hot.deck(dataset, m=M, method="best.cell", sdCutoff=1,
5                   weightedAffinity=FALSE, impContinuous="HD")
6   a.out2<-hd2amelia(h.out)
7   a.mids2<-datlist2mids(a.out2$imputations)
8   modelMH<-lm.mids(loggdp~free2+logcb+gini,data=a.mids2)
9   summary(pool(modelMH))
10  pool.r.squared(modelMH)
11  densityplot(a.mids2)
```

　Rパッケージ hot.deck による多重ホットデック代入法の具体的な方法は表 9.3 のとおりである (Cranmer et al., 2016).

　4 行目から 5 行目にて，hot.deck 関数を用いて多重ホットデック代入法を実行する．引数 method=の右辺に best.cell（最も当てはまると思われるセルを選択）または p.draw（確率的に抽出）を指定する．類似得点を算出する場合は，weightedAffinity=を TRUE にし，そうでない場合は FALSE とする．連続変数に対するモデリングは，impContinuous=の右辺に HD または mice と指定する．HD はホットデックを意味し，mice は Rパッケージ mice を流用することを意味している．通常は，best.cell と HD を選べばよい．

　なお，今回のデータでは，15 個の欠測値のうち，ドナーの数が 5 未満のものが 4 個あるため，4 行目の引数 sdCutoff=1 を大きな数字に変更するように警告メッセージが出る．sdCutoff=3.5 と設定すれば，警告メッセージは出なくなるが，その分，広い範囲からドナーを探しているため，レシピエントとドナーの距離が遠くなる可能性がある．

　6 行目にて，hd2amelia 関数を用いてオブジェクト h.out をクラス amelia のオブジェクトに変換している．このように変換することで，7 行目から 10 行目において，第 8 章と同様に分析を行うことができる．また，実際に分析を行う前に，第 6 章で紹介したとおり，代入モデルの診

断を行うべきである．11 行目にて，密度の比較を行っている．診断の結果次第では，引数の指定方法を変更したり，変数を変換したり，他の補助変数を追加したりする必要がある．

第❿章

質的データの多重代入法Ⅱ：ロジスティック回帰分析

　第9章では，説明変数に質的データがある場合，つまりダミー変数の
ある重回帰モデルを扱った．本章では，被説明変数に質的データがある
場合，つまりロジスティック回帰モデル (logistic regression model) を扱
う．前章に引き続き，経済と民主主義との関係を見ていく．本章では，被
説明変数が質的な変数であり，量的な説明変数に欠測が発生しているもの
とする．

10.1　ロジスティック回帰分析概論

　被説明変数が質的変数の場合，最小二乗法 (OLS) による線形回帰モデ
ルは不適切であり，最尤推定法 (MLE: maximum likelihood estimation)
によるロジスティック回帰モデルを用いるべきであることが知られてい
る．理由としては，不均一分散，誤差項の正規性，範囲外の予測値，関数
の形の4つの問題が考えられる (Long, 1997, pp.38-39).
　1つ目の不均一分散は，一般化最小二乗法 (GLS: generalized least
squares) によって解決することができる．あるいは，不均一分散に頑健
な標準誤差を用いることも可能である (Fox, 1991, p.88). 2つ目の正規
性は，小標本においては必要な仮定であるものの，大標本においては不

要である．MLE のナイス[1]な特性は，大標本においてのみ保証されているものであり，最小二乗法 (OLS) において正規性が問題となる状況では，MLE も解決策とはならない．3 つ目の予測値だが，説明変数が極端な値をとる場合に意味不明な予測値が発生することは，通常の回帰分析でもありうる．被説明変数の値が 0 と 1 の間にしか存在せず，予測値がその範囲を超えたなら，単純に 0 と 1 に丸めればよいだけである．

したがって，最初の 3 つの理由は，ロジスティック回帰モデルを用いる決定的な理由ではない．Long(1997, pp.39-40) は，4 つ目の関数の形こそが決定的な理由であると指摘する．結果変数が確率の場合，予測確率が 0 または 1 に近づくにつれて説明変数の影響力は先細るのが普通だからである．つまり，関数の形は本質的に非線形である．

ロジスティック回帰モデルでは，誤差項 ε_i が期待値 0，分散 $\pi^2/3$ の標準ロジスティック分布 (standard logistic distribution) に従うものとする．ここで，π は円周率である．また，$\psi = \pi/\sqrt{3}$ と定義し，誤差項 ε_i が期待値 0，分散 1 の標準化ロジスティック分布 (standardized logistic distribution) に従うように確率密度関数 $\lambda(\varepsilon_i)$ を (10.1) 式と定義し，累積分布関数 $\Lambda(\varepsilon_i)$ を (10.2) 式と定義する (Long, 1997, pp.42-43)．

$$\lambda(\varepsilon_i) = \frac{\psi \exp(\psi\varepsilon_i)}{[1 + \exp(\psi\varepsilon_i)]^2} \tag{10.1}$$

$$\Lambda(\varepsilon_i) = \frac{\exp(\psi\varepsilon_i)}{1 + \exp(\psi\varepsilon_i)} \tag{10.2}$$

したがって，誤差項 ε_i が期待値 0，分散 1 の標準化ロジスティック分布に従うので，$Pr(Y_i = 1)$ は (10.3) 式である (Long, 1997, p.49)．

$$Pr(Y_i = 1) = \frac{\exp(\beta_0 + \beta_1 X_i)}{1 + \exp(\beta_0 + \beta_1 X_i)} = \frac{1}{1 + \exp[-(\beta_0 + \beta_1 X_i)]} \tag{10.3}$$

よって，ロジスティック回帰モデルは (10.4) 式の対数オッズとなる (Long, 1997, p.51)．

---

[1] asymptotic Normality（漸近正規性），Invariance（不変性），Consistency（一致性），asymptotic Efficiency（漸近効率性）の頭文字をとり，「すばらしい」という意味と掛けて，MLE は NICE な特性を持っているという．

$$\ln\left(\frac{\Pr(Y_i=1)}{1-\Pr(Y_i=1)}\right) = \ln\left(\frac{1+\exp(\beta_0+\beta_1 X_i)}{1+\exp[-(\beta_0+\beta_1 X_i)]}\right) = \beta_0 + \beta_1 X_i$$

$$(10.4)$$

なお，完全データにおけるロジスティック回帰分析については，金 (2007, pp.148-163)，青木 (2009, pp.179-183)，飯田 (2013, pp.79-94)，河村 (2015, pp.80-90) なども参照されたい.

10.2　データ

表 10.1 では，gdp が質的な変数として記録されている．ここで，gdp が 1 万ドル以上の国を先進国と定義して 1 とし，1 万ドル未満の国を開発途上国と定義して 0 としよう（閾値は任意である）．これまでと同様に，変数 gdp はファクターとし，変数 centralbank は自然対数に変換する.

```
df1<-read.csv(file.choose(),header=TRUE,row.names="country")
attach(df1)
gdp2<-as.factor(gdp)
logcb<-log(centralbank)
```

10.3　R パッケージ mice によるロジスティック回帰分析

第 9 章と同様に，R パッケージ mice を用いて分析を行う．具体的な方法は表 10.2 のとおりである．このステップでやるべきことは，第 9 章の場合とほとんど同じであるが[2]，ロジスティック回帰分析を実行するので，8 行目にて glm.mids 関数を用い，9 行目にて family=binomial と指定する．また，実際に分析を行う前に，第 6 章で紹介したとおり，代入モデルの診断を行うべき点も同じである．多重代入法を用いたロジスティック回帰分析の例は，Chandola et al.(2006) を参照されたい.

---

[2] 9.4 節の場合と同様に，質的変数を含んでいるため，4 行目の EM アルゴリズムでは，ファクターを数値に変換したというメッセージが出る．5.6 節で示した方法を用いて，MCMC の収束判定を厳密に行う必要がある.

表 10.1　質的変数を含む政治・経済の実データ（2016 年）

country	gdp	freedom	centralbank	gini
アルバ	1		1.0	
アンギラ	1		6.5	
アンドラ	1	96		
イスラエル	1	80	0.1	42.8
ウズベキスタン	0	3		36.8
エチオピア	0	15		33.0
オランダ	1	99	0.1	25.1
カーボベルデ	0		7.5	
ガボン	1	34	3.0	
ギリシャ	1	83	0.1	36.7
コロンビア	1	63	5.8	53.5
コンゴ民主共和国	0	25	4.0	
スイス	1	96	0.5	28.7
タジキスタン	0	16	4.8	32.6
バルバドス	1	98	7.0	
パラグアイ	0	64	5.5	53.2
ブルンジ	0	19	11.3	42.4
ベリーズ	0	87	18.0	
ボリビア	0	68	4.5	46.6
マカオ	1			35.0
モーリタニア	0	30	9.0	39.0
モンテネグロ	1	70		26.2
モントセラト	0		11.0	
ルクセンブルク	1	98	0.1	30.4
レソト	0	67	6.8	63.2
レバノン	1	43	3.5	
日本	1	96	0.3	37.9
米国	1	90	0.5	45.0

出典：CIA(2016, 改), Freedom House(2016)

表 **10.2**　mice によるロジスティック回帰分析

```
1   dataset<-data.frame(gdp2,freedom,logcb,gini)
2   library(mice);library(norm2); library(miceadds)
3   M<-5;seed2<-1
4   emResult<-emNorm(dataset,iter.max=10000)
5   max2<-emResult$iter*2
6   imp<-mice(data=dataset,m=M,seed=seed2,
7             meth=c("","norm","norm","norm"),maxit=max2)
8   modelM2<-glm.mids(gdp2~freedom+logcb+gini,
9                  data=imp,family=binomial)
10  summary(pool(modelM2))
```

```
> summary(pool(modelM2))
                  est         se          t         df    Pr(>|t|)
(Intercept)  4.0443122 4.19951525  0.9630426 19.379998 0.3473897
freedom      0.1088988 0.08570793  1.2705800  9.403541 0.2344115
logcb       -3.3099930 2.61054543 -1.2679316 20.424806 0.2190862
gini        -0.1164458 0.14264626 -0.8163256  9.978431 0.4333695
                  lo 95      hi 95 nmis       fmi     lambda
(Intercept) -4.7337240 12.8223483   NA 0.1724553 0.09124384
freedom     -0.0837251  0.3015227    5 0.4735152 0.37230264
logcb       -8.7482438  2.1282578    5 0.1423603 0.06229987
gini        -0.4343746  0.2014830   10 0.4512471 0.35127781
```

　出力結果に表示される項目は，第 8 章や第 9 章の場合と同じである．
p 値が大きく，いずれの変数も 5% 水準で統計的に有意ではない．変数
freedom は正の影響があり，変数 logcb には負の影響があり，変数 gini
には負の影響があるが，これらの影響力は統計的に有意ではない．なお，
今回のデータは，例示のために小規模な標本となっているため，結果が
統計的に有意ではないだけである．MLE を用いる場合，パラメータ数が
5 個以下であっても，標本サイズは少なくとも 60 以上が必要とされ，で
きれば 100 以上が望ましいとされる (Eliason, 1993, p.83; Long, 1997,
p.54)．実際に利用可能なすべてのデータは 228 か国あり，すべてのデー
タを使った場合には，有意な結果を得ることができる．

　出力結果について，係数を具体的に解釈しよう．線形回帰モデルとは異なり，係数を 1 ユニットあたりの変化として捉えることができない．(10.4) 式からわかるとおり，ロジスティック回帰モデルにおける係数は，説明変数の値が 1 ポイント変化するごとに，対数オッズがどれだけ変化するかを表しているだけである．しかし，分析者が通常知りたいのは，対数オッズではなく予測確率の方である．そこで，(10.5) 式のとおり，予測確率 $Pr(Y_i = 1)$ を求める．これは，R パッケージ arm の invlogit 関数によって計算することができる (Gelman et al., 2016).

$$Pr(Y_i = 1) = \frac{1}{1 + \exp[-(\beta_0 + \beta_1 X_{1i} + \beta_2 X_{2i} + \beta_3 X_{3i})]} \qquad (10.5)$$

　具体的な方法は表 10.3 のとおりである（飯田，2013, pp.89-94）．1 行目にて，R パッケージ arm を起動する．また，nrow 関数によって観測数 n を定義しておく．2 行目にて，ロジスティック回帰モデルの係数を b として記録する．なお，[1:4] の 4 は，切片と傾きの数に応じて変える．3 行目にて，空のリスト pred1 を定義する．4 行目から 11 行目までは，一連の for ループである．6 行目から 8 行目にて，変数 freedom, logcb, gini の多重代入済みデータをそれぞれ，x2imp, x3imp, x4imp として取り出す．9 行目にて，変数 freedom の四分位値を qfd として記録する．ここで，$j = 1$ は最小値，$j = 2$ は第 1 四分位値，$j = 3$ は中央値，$j = 4$ は第 3 四分位値，$j = 5$ は最大値である．10 行目にて，invlogit 関数を用いて予測確率を算出し，その値を pred1 として記録する．この作業を $j = 1$ から $j = 5$ までループにて繰り返し，さらに全体の作業を $i = 1$ から $i = 5$ までループにて繰り返す．12 行目にて，$5 \times M$ の空の行列 pred0 を定義する．13 行目から 16 行目までは，一連の for ループである．変数 freedom 以外の値を平均値に固定する作業をしている．17 行目から 23 行目までの for ループにて，matplot 関数を用いて結果を M 個の図として作成し，par(new=T) 関数によって重ね合わせて表示している．

　出力結果は，図 10.1 である．この図では，中央銀行金利の値とジニ係数の値を平均値に固定した場合，Freedom House の値が最小値から最大値まで 5 段階（0 = 最小値，1 = 第 1 四分位値，2 = 中央値，3 = 第 3 四

表 10.3 ロジスティック回帰分析の解釈

```
1   library(arm); n<-nrow(dataset)
2   b<-summary(pool(modelM2))[1:4]
3   pred1<-rep(list(matrix(NA,n,M)),5)
4   for(i in 1:M){
5     for(j in 1:5){
6       x2imp<-complete(imp,i)[,2]
7       x3imp<-complete(imp,i)[,3]
8       x4imp<-complete(imp,i)[,4]
9       qfd<-quantile(x2imp)[j]
10      pred1[[j]][,i]<-invlogit(b[1]+b[2]*qfd+b[3]*x3imp+b[4]*x4imp)
11    }}
12  pred0<-matrix(NA,5,M)
13  for(i in 1:M){
14    for(j in 1:5){
15      pred0[j,i]<-c(mean(pred1[[j]][,i]))
16    }}
17  for(i in 1:M){
18    xaxis<-c(0:4)
19    pred<-data.frame(xaxis,pred0[,i])
20    matplot(pred[,1],pred[,2],type="b",pch=1, ylim=c(0,1),xlim=c(0,4),
21            xlab="Freedom House", ylab="GDP の予測確率")
22    par(new=T)
23  }
```

分位値，4 = 最大値）で変化したときに，GDP の予測確率がどのように変化するかを示している．

　Freedom House の値が最小値から第 1 四分位値まで変化しているときには GDP の予測確率は，ゆっくりと上がり，第 1 四分位値から第 3 四分位値にかけて上昇傾向が強くなり，第 3 四分位値から最大値まで横ばいもしくはゆっくりと上がっていく．つまり，影響力は非線形である．図には，5 個の多重代入済みデータに基づく 5 本の予測線が引かれているが，今回の結果では，いずれの結論もほぼ同じであることもわかる．

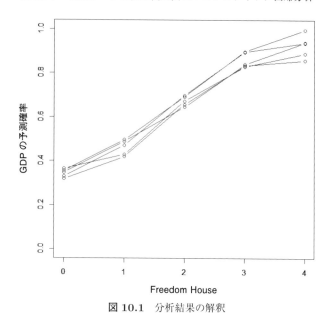

図 10.1　分析結果の解釈

10.4　R パッケージ hot.deck による ロジスティック回帰分析

参考までに，R パッケージ hot.deck を用いた多重ホットデック代入法によるロジスティック回帰分析の実行方法も示す (Cranmer et al., 2016)．アルゴリズムについては，9.5 節を参照されたい．具体的な実行方法は，表 10.4 のとおりである．

なお，今回のデータでは，20 個の欠測値のうち，ドナーの数が 5 未満のものが 5 個あるため，5 行目の引数 sdCutoff=1 を大きな数字に変更するように警告メッセージが出る．sdCutoff=2.3 と設定すれば，警告メッセージは出なくなるが，その分，広い範囲からドナーを探しているため，レシピエントとドナーの距離が遠くなる可能性がある．

また，9～10 行目を実行すると「数値的に 0 または 1 である確率が発生した」という警告メッセージが出るが，これは小規模データだからであり，実際に利用可能なすべての 228 か国のデータを使った場合には，問

表 10.4 hot.deck によるロジスティック回帰分析

```
1   dataset<-data.frame(gdp2,freedom,logcb,gini)
2   library(hot.deck); library(miceadds); library(lattice)
3   M<-5
4   set.seed(1)
5   h.out<-hot.deck(dataset, m=M, method="best.cell", sdCutoff=1,
6                   weightedAffinity=FALSE, impContinuous="HD")
7   a.out2<-hd2amelia(h.out)
8   a.mids2<-datlist2mids(a.out2$imputations)
9   modelMH2<-glm.mids(gdp2~freedom+logcb+gini,
10                  data=a.mids2,family=binomial)
11  summary(pool(modelMH2))
12  densityplot(a.mids2)
```

題は発生しない.

　結果の解釈は，表 10.3 と同様に行う．2 行目の modelM2 を modelMH2 とし，6 行目から 8 行目の imp を a.mids2 とすれば，結果を図示できる．

10.5　順序変数と多項変数の多重代入法

　順序変数の場合，厳密には質的な変数ではあるものの，量的変数として扱って欠測値を処理すればよいことが多い (Leite and Beretvas, 2010; Honaker et al., 2011, p.14). かつては，四捨五入することが勧められていたが，現在では，小数点を含めたまま連続変数として分析モデルに含めればよいとされている (Enders, 2010, p.285). ただし，もし分析モデルにおいて順序ロジット (ordered logit) を用いるなど，順序変数としての扱いが必要ならば，それに応じた処置をする必要がある[3]. R パッケージ Amelia では，ords=の引数に順序変数の名前を指定することで対処でき

---

[3] 被説明変数が順序変数の場合，厳密には順序ロジットを用いるべきだが，重回帰分析の方が実用的に解釈しやすいため，社会科学の応用研究において順序ロジットが使用されることは少ないとされている (河村, 2015, p.89). たとえば，これまで用いてきた Freedom House の指標は，厳密には 101 カテゴリーの順序変数と考えられるが，この変数を連続変数として扱っている応用研究には枚挙に暇がない.

る．R パッケージ mice では，meth=の引数に polr を指定し，順序ロジットによる代入を行えばよい．具体的には，本章で示した方法を応用できる．

多項の質的変数の場合，9.1 節で説明したとおり，R パッケージ Amelia では，noms=の引数に多項変数の名前を指定して対処できる．R パッケージ mice では，meth=の引数に polyreg を指定し多項ロジット (multinomial logit) による代入を行うことができる．

しかしながら，多項ロジットには，無関係な選択肢からの独立性 (IIA: independence of irrelevant alternatives) の問題が指摘されており，使用できる場面は限られている．それに対して，多項プロビット (multinomial probit) には，IIA の問題は発生しないが，以前は計算機上の問題があるとされていた (Long, 1997, pp.182-185)．Imai and van Dyk(2005) によって R パッケージ MNP が開発され，現在ではこの問題は解決されている．よって，分析モデルとしては多項プロビットを用いるべきである．

Carpenter and Kenward(2013, p.95) によると，代入モデルとしてプロビットを使用し，分析モデルとしてロジットを使用する場合，厳密には適合性はないが，実際上の問題は発生しないという．しかし，これは二項の場合の話である．二項の場合，10.1 節で説明したとおり，ロジスティックモデルの誤差項の分散は $\pi^2/3$ である．一方，プロビットモデルの誤差項の分散は 1 である．よって，$\beta_{\mathrm{L}} \approx \sqrt{\pi^2/3} \times \beta_{\mathrm{P}} \approx 1.81\beta_{\mathrm{P}}$ となるため，2 つのモデルは近似的に一致する (Long, 1997, p.48)．それに対して，多項プロビットと多項ロジットは近似的にも一致するとは考えにくい．代入モデルとして多項ロジットを使用し，分析モデルとして多項プロビットを使用する場合，適合性にどのような影響があるかは不明である．

したがって，多項の質的変数に関する明確な解決策は，今のところなさそうである．とりあえず，本章で行ったように，R パッケージ mice または hot.deck により欠測値を処理した上で，R パッケージ MNP を用いて多項プロビットにより分析するわけであるが，適合性の問題がありうる．なお，完全データにおける R パッケージ MNP の使い方については，飯田 (2013, pp.105-116) を参照されたい．

第❶❶章

時系列データの多重代入法：
ARIMA モデル

　ここまで横断面データ[1](cross section data) に対する多重代入済みデータを用いた分析方法を扱ってきた．しかし，社会科学では，時間的な変化に興味があることも多い．たとえば，国家予算は毎年度，編成されるが，何もないところから予算編成をするわけではなく，前年度をもとに組み立てるものである．今年度の予算 Y_t は，前年度の予算 Y_{t-1} に変動分 ε_t を加えた (11.1) 式と考えることができる（河村, 2015, p.136）．

$$Y_t = Y_{t-1} + \varepsilon_t \tag{11.1}$$

　そこで，本章では，時間を単位として分析する時系列分析における多重代入法を扱う．通常，時系列データ (time-series data) は，時間軸上で等間隔にデータが収集されていることが前提となっているが，欠測が発生すると，等間隔性の前提が成り立たなくなる（渡辺・小山, 2003, p.102; Chatfield, 2004, p.269）．そこで，一般的に，時系列データにおける欠測値は，補間 (interpolation) によって処理されることが多い（辰巳・松葉, 2008）．また，カルマンフィルタを用いて処理されることもある（野村, 2016, pp.34-37）．一方，多重代入法を用いることで，欠測値を処理したことに関する不確実性を反映させた分析を行うことができる．

---

[1]横断面データとは，ある一時点における母集団から得られたデータである (Wooldridge, 2002, p.5).

11.1　時系列分析概論

本節では，時系列分析の概略を確認する（Gujarati, 2003, pp.797-802; Chatfield, 2004, pp.12-13, pp.38-49; 金, 2007, pp.205-215）.

一般的に，時系列データ Y は，長期的なトレンド (trend)，循環変動 (cycle)，季節変動 (season)，不規則変動 (irregular) が合成したものと考えることができる. 時系列データにトレンドがなく，平均値や自己共分散が時間とともに変化しない場合，その時系列を定常時系列 (stationary time series) という[2]. 逆に，これらの性質が変化するものを非定常時系列 (nonstationary time series) という.

時系列データが (11.2) 式で表現でき，$|a| = 1$ の場合，ランダムウォーク (random walk) という. また，$|a| = 1$ を単位根 (unit root) と呼ぶ. ランダムウォークは非定常なので，時系列データ分析では，まず単位根検定によってランダムウォークかどうかを調べる必要がある. なお，非定常，ランダムウォーク，単位根は，同義語として扱われることが多い. 非定常な時系列データは，差分（階差：differencing）を取ることで定常化できる場合がある. 差分とは，$\Delta Y_t = Y_t - Y_{t-1}$ であり，Y_t の d 階の差分演算子を $\Delta^d Y_t$ で表す. ここで，Y_{t-1} は，Y_t の 1 次ラグ付き変数 (lagged variable) であり，Y_t の時点から 1 期遅らせたものである.

$$Y_t = aY_{t-1} + \varepsilon_t \tag{11.2}$$

時点 $t - p$ から t までの各データについて，(11.3) 式を自己回帰モデル (AR: autoregressive model) という. ここで，a_i は自己回帰係数であり，p は次数 (order) である. また，次数 p の AR モデルを AR(p) と表すのが慣わしである. ε_t は平均 0，分散 σ^2 の完全に無作為なプロセス（ホワイトノイズ：white noise）である (Chatfield, 2004, p.38). Y_t が，Y_t の

---

[2] 定常性とは，非常に制御の行き届いたシステムのようなものであり，時間の経過に関わらず，観測値が同じように発生することを意味する. 時間に沿って観測される時系列データを繰り返し観測することはできないが，定常性を仮定することで，繰り返し観測したかのように扱える（柴田, 2017, pp.2-4）.

p 個のラグ付き変数の値に依存する場合，AR(p) である (Kennedy, 2003, p.148)．たとえば，応用例として，政党支持率の分析をする際に，過去の政党支持率に関する情報だけを用いて分析するモデルが挙げられる（河村, 2015, p.142）．

$$Y_t = \sum_{i=1}^{p} a_i Y_{t-i} + \varepsilon_t \tag{11.3}$$

また，時系列データが (11.4) 式で表現できる場合，次数 q の移動平均モデル (MA: moving average model) といい，次数 q の MA モデルを MA(q) と表すのが慣わしである．Y_t が，ε_t の q 個のラグ付き変数を含む場合，MA(q) である (Kennedy, 2003, p.148)．

$$Y_t = \sum_{j=1}^{q} b_j \varepsilon_{t-j} \tag{11.4}$$

AR(p) は将来の予測モデルとしてわかりやすいものの，複雑な自己共分散構造をしているが，MA(q) は自己共分散の構造は簡単なものの，予測モデルとしてわかりにくい（柴田, 2017, p.70）．そこで，(11.5) 式のとおり，自己回帰モデルと移動平均モデルを合算した自己回帰移動平均モデル (ARMA: autoregressive moving average model) が提案されている．

$$Y_t = \sum_{i=1}^{p} a_i Y_{t-i} + \varepsilon_t + \sum_{j=1}^{q} b_j \varepsilon_{t-j} \tag{11.5}$$

最後に，Y_t の d 階の差分演算子 $\Delta^d Y_t$ の ARMA モデルを，自己回帰和分移動平均モデル (ARIMA: autoregressive integrated moving average model) という．和分 (integrated) とは，このモデルから Y_t の予測を行う場合，予測値は Y_t の差分であるため，予測値を和分する（つまり足し上げる）必要があることを意味する (Mills, 1990, p.100; Kennedy, 2003, p.321)．

ARMA モデルは最も代表的な時系列モデルの１つであるが（柴田, 2017, p.48），政治・経済のデータの多くは非定常であり，和分が重要な

要素となりうることから (Cromwell et al., 1994, p.51)，本書では ARIMA モデルを用いて分析を行う．この手法は，以下の 4 つのプロセスから成り立っている (Gujarati, 2003, pp.840-841)．

　　1：単位根検定
　　2：ARIMA モデルの推定
　　3：モデルの診断
　　4：予測

　なお，完全データにおける時系列分析については，金 (2007, pp.200-228) および柴田 (2017, pp.48-77) なども参照されたい．

11.2　データ

　Gujarati(2003, p.794) に掲載されている米国のマクロ経済に関する時系列データを使用する．データは表 11.1 のとおりである．元データは，米国商務省経済分析局の Business Statistics（1992 年 6 月）のものである．1970 年 第 1 四半期から 1991 年 第 4 四半期までの 22 年間，88 期のデータである．変数 gdp は国内総生産，変数 pdi は個人可処分所得 (personal disposable income) である．変数の単位は 1987 年時点での 10 億ドルである．本章では，例示のため，1970 年から 1985 年までは gdp の値が 1 年に 1 回（第 1 四半期のみ）記録されており，1986 年以降は 1 年に 4 回（第 1 四半期から第 4 四半期まで）記録されているとしよう．ここで，灰色セルは欠測を表し，白抜き数字は本来得られるはずの真値とする．なお，このデータを用いた完全データにおける ARIMA モデルの分析については，Gujarati(2003, pp.841-848) を参照されたい．

　表 11.1 のデータ（CSV 形式）を `read.csv` 関数によって読み込む．また，時系列データ用のパッケージ `forecast` を読み込んでおく (Hyndman and Khandakar, 2008)．データ内で分析に使用したい変数の列番号を `var1` として指定しておく．今回の場合，変数 gdp を分析したいと考えており，この変数はデータ内の 2 列目に位置しているので，`var1` は 2 であ

表 11.1 米国の時系列経済データ

year	gdp	pdi	year	gdp	pdi
1970.1	2872.8	1990.6	1981.1	3860.5	2783.7
1970.2	2860.3	2020.1	1981.2	3844.4	2776.7
1970.3	2896.6	2045.3	1981.3	3864.5	2814.1
1970.4	2873.7	2045.2	1981.4	3803.1	2808.8
1971.1	2942.9	2073.9	1982.1	3756.1	2795.0
1971.2	2947.4	2098.0	1982.2	3771.1	2824.8
1971.3	2966.0	2106.6	1982.3	3754.4	2829.0
1971.4	2980.8	2121.1	1982.4	3759.6	2832.6
1972.1	3037.3	2129.7	1983.1	3783.5	2843.6
1972.2	3089.7	2149.1	1983.2	3886.5	2867.0
1972.3	3125.8	2193.9	1983.3	3944.4	2903.0
1972.4	3175.5	2272.0	1983.4	4012.1	2960.6
1973.1	3253.3	2300.7	1984.1	4089.5	3033.2
1973.2	3267.6	2315.2	1984.2	4144.0	3065.9
1973.3	3264.3	2337.9	1984.3	4166.4	3102.7
1973.4	3289.1	2382.7	1984.4	4194.2	3118.5
1974.1	3259.4	2334.7	1985.1	4221.8	3123.6
1974.2	3267.6	2304.5	1985.2	4254.8	3189.6
1974.3	3239.1	2315.0	1985.3	4309.0	3156.5
1974.4	3226.4	2313.7	1985.4	4333.5	3178.7
1975.1	3154.0	2282.5	1986.1	4390.5	3227.5
1975.2	3190.4	2390.3	1986.2	4387.7	3281.4
1975.3	3249.9	2354.4	1986.3	4412.6	3272.6
1975.4	3292.5	2389.4	1986.4	4427.1	3266.2
1976.1	3356.7	2424.5	1987.1	4460.0	3295.2
1976.2	3369.2	2434.9	1987.2	4515.3	3241.7
1976.3	3381.0	2444.7	1987.3	4559.3	3285.7
1976.4	3416.3	2459.5	1987.4	4625.5	3335.8
1977.1	3466.4	2463.0	1988.1	4655.3	3380.1
1977.2	3525.0	2490.3	1988.2	4704.8	3386.3
1977.3	3574.4	2541.0	1988.3	4734.5	3407.5
1977.4	3567.2	2556.2	1988.4	4779.7	3443.1
1978.1	3591.8	2587.3	1989.1	4809.8	3473.9
1978.2	3707.0	2631.9	1989.2	4832.4	3450.9
1978.3	3735.6	2653.2	1989.3	4845.6	3466.9
1978.4	3779.6	2680.9	1989.4	4859.7	3493.0
1979.1	3780.8	2699.2	1990.1	4880.8	3531.4
1979.2	3784.3	2697.6	1990.2	4900.3	3545.3
1979.3	3807.5	2715.3	1990.3	4903.3	3547.0
1979.4	3814.6	2728.1	1990.4	4855.1	3529.5
1980.1	3830.8	2742.9	1991.1	4824.0	3514.8
1980.2	3732.6	2692.0	1991.2	4840.7	3537.4
1980.3	3733.5	2722.5	1991.3	4862.7	3539.9
1980.4	3808.5	2777.0	1991.4	4868.0	3547.5

出典：Gujarati(2003, p.794)

る. また, 時系列データにおける時間の間隔 (frequency) として f を 4 と
指定しておく. これは四半期データであることを意味する. 年次データで
あれば, この数字は 1 とし, 半期データならば 2 とする.

```
df1<-read.csv(file.choose(),header=TRUE)
attach(df1)
library(forecast)
var1<-2; f<-4
```

11.3　R パッケージ Amelia による時系列データ分析

　これまで, 時系列データにおける多重代入法については, あまり多く
の研究がされてこなかった (van Buuren, 2012, p.250). 従来, 多重代入
法の先行研究は, 主に横断面データを扱ってきたからである (SAS Insti-
tute, 2017). 実際, R パッケージ norm や mice においても, 時系列デー
タの多重代入法を実行すること自体はできるが, データのトレンドを反映
させることができないおそれがある.

　一方, R パッケージ Amelia では, 時系列のトレンドに関する情報を
多項式として組み入れることが可能である (Honaker and King, 2010,
p.566; Honaker et al., 2011, p.17). 多重代入法を ARIMA モデルに適
用した分析例は, Wagenaar et al.(2007) および Migliorati et al.(2014,
p.37) を参照されたい. また, 多重代入法を IMA(integrated moving av-
erage) モデルに応用した例は Hopke　et　al.(2001) を, GARCH
(generalized autoregressive conditional heteroskedasticity) モデルに応
用した例は SAS Institute(2017) を参照されたい.

　具体的な方法は, 表 11.2 のとおりである. 2 行目にて, 多重代入法を
実行しているが, いくつかの引数を指定している. 引数 ts=の右辺には
時系列の単位を指定する. ここでは, "year"と指定する. 必要に応じて,
引数 lags=の右辺にラグ付き変数を導入することができる. さらに, もし
未来の値から過去の値を精度よく予測できるなら, leads=の右辺に 1 期
後の変数 (リード変数：lead variable) を導入することもできる. 代入モ

表 11.2　Amelia による時系列データの多重代入法

```
1  library(Amelia); M<-5; set.seed(1)
2  a.out<-amelia(df1, m=M, ts="year", lags="gdp", polytime=2)
3  impX<-matrix(NA,nrow(df1),M)
4  for(i in 1:M){
5    imp1<-data.frame(a.out$imputations[i])[var1]
6    for(j in 1:nrow(df1)){
7      impX[j,i]<-imp1[j,]
8    }
9  }
10 impdata<-data.frame(impX)
11 tsimpdata<-ts(impdata,start=min(year),frequency=f)
```

デルは，予測モデルであって因果モデルではないため，未来の値から過去
の値を予測してもよいのである (Honaker et al., 2011, p.19). また，引数
polytime=の右辺に多項式を指定することができ，3 までの正の整数を指
定できる．polytime=3 とした場合の代入モデルは，(11.6) 式のとおりで
ある．ここで，g は国内総生産 (GDP)，pd は個人可処分所得，g_{t-1} はラ
グ付き変数，g_{t+1} はリード変数，t は時間をそれぞれ表す.

$$\tilde{g}_t = \tilde{\beta}_0 + \tilde{\beta}_1 pd_t + \tilde{\beta}_2 g_{t-1} + \tilde{\beta}_3 g_{t+1} + \tilde{\beta}_4 t + \tilde{\beta}_5 t^2 + \tilde{\beta}_6 t^3 \qquad (11.6)$$

3 行目では，impX を $n \times M$ の空の行列として定義している．4 行目か
ら 9 行目までは一連の for ループである．ここで，var1 を 2 と設定して
いたので，データ内 2 列目にある変数の代入値を impX として取り出して
いる．10 行目にて，データフレームに変換し，11 行目にて ts 関数によ
って時系列データオブジェクトに変換する．これまでと同様に，実際に
分析を行う前に，第 6 章で紹介したとおり，代入モデルの診断を行う.
診断の結果次第では，代入モデルの指定方法を変更したり，変数を変換
したり，他の補助変数を追加したりする必要がある．特に時系列データ
においては，polytime=の引数を 0 から 3 までのどれにするか，lags=や
leads=の右辺に引数を指定するかなど，さまざまな組み合わせが考えら
れる．今回の例では，ラグ付き変数を導入し，多項式を 2 としている.

表 11.3　ARIMA モデル選定の自動化

```
1  for(i in 1:M){
2    auto.arima(tsimpdata[,i],max.p=5,max.d=5,max.q=5,
3          stepwise=T,trace=T)
4  }
```

11.3.1　ARIMA モデルの推定

　ここからいよいよ ARIMA モデルの 4 つのプロセスに入る．まずは，モデルの推定であるが，ARIMA の p, d, q の値を何らかの形で推定しなければならない．ディッキー・フラー検定などの単位根検定を用いて，d の値を決めることもできるが (Enders, 2004, pp.181-199)，ここでは，金 (2007, pp.216-217) にあるとおり，赤池情報量規準[3](AIC: Akaike Information　Criterion) を用いて決める．R パッケージ forecast の auto.arima 関数を用いればよい (Hyndman and Khandakar, 2008)．具体的な方法は，表 11.3 のとおりである．1 行目から，for ループにて，1 から M 番目までの多重代入済みデータに対して ARIMA モデルを構築する．2 行目にて，auto.arima 関数を用いており，この引数は，max.p=，max.d=，max.q= の右辺にそれぞれ p, d, q の最大値を指定する．その指定された値までの組み合わせの中で，AIC が最も小さいモデルを相対的にベストなモデルとして選ぶ[4]．引数 stepwise=T は選定方法としてステップワイズ法[5]を指定するものであり，trace=T とすることで，選定された ARIMA モデルを表示する．

---

[3]赤池情報量規準 (AIC) とは，自由度修正済み決定係数のように，モデルの当てはまり具合に加え，無駄な説明変数を投入したことに対するペナルティを課す指標である．通常，AIC のペナルティの方が，自由度修正済み決定係数よりも厳しいとされる (Gujarati, 2003, p.537)．AIC は，小さな値の方が優れた値を意味する．

[4]ここで選択されるモデルは，必ずしも「正しいモデル」ではなく，「相対的にパフォーマンスのよいモデル」である．AIC を用いた時系列モデル選択の是非については，柴田 (2017, pp.57-59) が詳しく論じている．

[5]ステップワイズ法とは，さまざまな説明変数の組み合わせの中から「ベストなモデル」を構築する手法であり，p 値や情報量規準などを根拠として，複雑なモデルから徐々に変数を減らす，もしくは，単純なモデルから徐々に変数を増やすことで，有意な変数のみからモデルを構築する方法である（Wooldridge, 2009, p.678）．

表 **11.4**　ARIMA モデルの診断

```
1  for(i in 1:M){
2    arima1<-auto.arima(tsimpdata[,i],max.p=5,max.d=5,max.q=5,
3                       stepwise=T,trace=T)
4    windows()
5    tsdiag(arima1)
6  }
```

　この結果，m 番目のそれぞれの代入済みデータに対して，どの ARIMA モデルがベストか示される．ここでは，出力結果は省略する．

11.3.2　モデルの診断

　モデルの診断（残差分析）[6]は，表 11.4 のとおりである．1 行目から 3 行目までは，表 11.3 と同じである．複数の図を出力するため，4 行目にて windows() を指定する（ただし，M を 60 以上に設定している場合，windows() を指定するとエラーが発生するため，削除する）．5 行目にて，tsdiag 関数を用いて診断を行う（金, 2007, pp.217-218）．

　M 個の診断図が表示されるが，ここでは紙面の都合上，$m = 1$ の図のみを表示している．結果は図 11.1 のとおりである．

　1 番目の図は標準化残差 (Standardized Residuals)，2 番目の図は残差の自己相関 (ACF of Residuals)，3 番目の図はリュング・ボックス検定の p 値 (p values for Ljung-Box statistic) を示している．ε_t は平均 0，分散 σ^2 のホワイトノイズと仮定されている．標準化残差は，平均 0 を基点として上下にばらついており，問題はない．残差の自己相関は，1 本目以外に点線を超えているものがないので，問題はない．リュング・ボックス検定の p 値は，点線を下回っていないので，これも問題はない[7]．

---

[6]重回帰モデルの診断と同様に，残差を分析することで，モデルの診断を実行する．ARIMA モデルでは，特に，残差がホワイトノイズ（完全に無作為なプロセス）となっているかを調べる．もし残差がホワイトノイズではないと判断された場合には，ステップ 1 の単位根検定とステップ 2 の ARIMA モデルの推定からやり直す必要がある (Gujarati, 2003, p.841)．

[7]リュング・ボックス検定については，Gujarati(2003, p.813) を参照されたい．

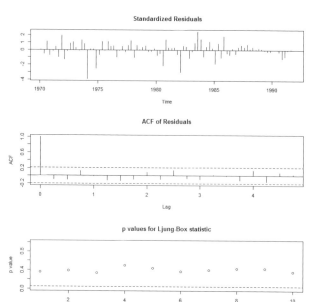

図 11.1　診断結果 $(m = 1)$

11.3.3　予測

　実際には，モデルの選定，推定，診断，予測はすべて表 11.5 のとおり一度に行うことができる．

　1 行目の number には，何期先までの予測をしたいか数字を指定する．prediction は，m 回目の代入データにおける t 期先の予測データを記録するための空の行列であり，今回の例では，10×5 の行列である．2 行目の upper は予測値の上限，lower は予測値の下限を記録するための空の行列であり，次元は prediction と同じである．

　3 行目から 12 行目は，一連の for ループであり，7 行目までは 11.3.1 項と 11.3.2 項にて説明したとおりである．8 行目にて，forecast 関数を用いて予測を行い，結果を arima1.pr として記録している．引数 h=に何期先までの予測をしたいか数字を指定する（すでに 1 行目にて，number として指定済み）．9 行目にて予測値の系列を prediction として記録し，10 行目と 11 行目にて予測値の上限と下限の信頼区間を upper と lower

表 11.5 多重代入済みデータを用いた ARIMA

```
1   number<-10; prediction<-matrix(NA,number,M)
2   upper<-matrix(NA,number,M); lower<-matrix(NA,number,M)
3   for(i in 1:M){
4     arima1<- auto.arima(tsimpdata[,i],max.p=5,max.d=5,max.q=5,
5                         stepwise=T,trace=F)
6     windows()
7     tsdiag(arima1)
8     arima1.pr<- forecast(arima1,h=number)
9     prediction[,i]<- arima1.pr$mean[1:number]
10    upper[,i]<- arima1.pr$upper[,2][1:number]
11    lower[,i]<- arima1.pr$lower[,2][1:number]
12  }
13  ts.pred<-ts(prediction,start=(max(year)+1),frequency=f)
14  ts.up<-ts(upper,start=(max(year)+1),frequency=f)
15  ts.lo<-ts(lower,start=(max(year)+1),frequency=f)
16  a2<-min(min(lower),min(impdata[1:M]))
17  b2<-max(max(upper),max(impdata[1:M]))
18  windows()
19  for(i in 1:M){
20    ts.plot(tsimpdata[,i],ts.pred[,i],ts.up[,i],ts.lo[,i],
21            gpars=list(ylim=c(a2,b2)),lty=c(1:4))
22    par(new=T)
23  }
```

として記録している.

13 行目から 15 行目にて，予測値 prediction，上限 upper，下限 lower をそれぞれ時系列オブジェクトに変換している．16 行目と 17 行目にて，時系列プロットの上限と下限を a2 と b2 として指定し，19 行目から 23 行目にて ts.plot 関数を用いて予測図を作成している．*M* 個の図を重ねるために，par(new=T) と指定している．

ARIMA モデルの主な分析目的は，仮説検定ではなく将来の予測であるため (Kennedy, 2003, p.320)，図 11.2 が最終的な解析結果である．複数の予測線により不確実性を反映している．参考までに，図 11.3 は完全データ，図 11.4 は欠測データ，図 11.5 は R パッケージ mice による結果

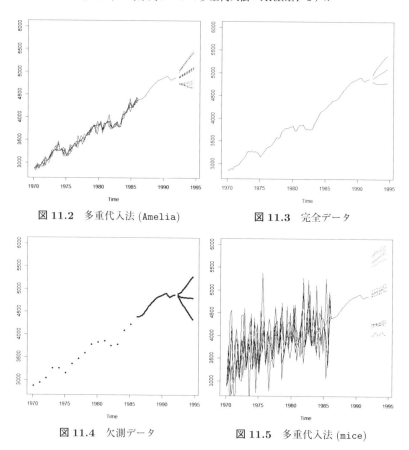

図 11.2　多重代入法 (Amelia)　　　　　図 11.3　完全データ

図 11.4　欠測データ　　　　　　　図 11.5　多重代入法 (mice)

である．Amelia による結果は，完全データによる結果にとてもよく似て
いる．一方，欠測データによる予測値は，下降気味であり，上側限界と下
側限界の幅が大きすぎる．mice による結果では，1985 年以前の代入値の
ばらつきが大きく傾向が捕らえられておらず，上側限界と下側限界の幅も
非常に大きい．

第 12 章

パネルデータの多重代入法：
固定効果と変量効果

　本章では，多重代入法を用いたパネルデータ (panel data) 分析につい
て扱う．パネルデータとは，表 12.1 のように，横断面的な側面 (N) と時
系列的な側面 (T) の両方を合わせ持つデータのことである[1]．

　経済学においても，政治学においても，近年，パネルデータを用いた実
証研究論文の数は増加している（曽我，2011, p.209; 北村，2013, p.60）．
パネルデータを適切に用いることができれば，横断面データと比べて観測
数が増大するため，推定の精度が高くなり，時系列の要素とあいまって因
果推論をより的確に行える可能性がある（北村，2013, p.61; 飯田，2013,
p.62）．

　たとえば，Huntington(1991) によれば，1974 年から 1990 年の間にか
けて，35 か国が波のように民主化をしたという．Huntington(1991) の分
析は，非常に含蓄があるものの，統計分析によるエビデンスは示されてい
ない．このような研究テーマは，まさにパネルデータを用いて分析するべ
きものである．本書でも経済発展と民主主義に関するデータを例として使
用してきたが，民主主義が経済発展を促す要因であるという主張がある一

---

[1]なお，横断面 (N) の方が時系列 (T) よりも大きなものを狭義のパネルデータと呼び，
時系列 (T) の方が横断面 (N) よりも大きなものを時系列横断面データ (TSCS: time-
series cross-section data) と呼んで区別することもある．特に，経済学では前者を，
政治学では後者を使用することが多いとされる（曽我，2011, pp.209-210）．また，パ
ネルデータは経時測定データとも呼ばれる (Wooldridge, 2009, p.444; Hsiao, 2014,
p.1).

表 12.1　パネルデータの例

国 (N)	年 (T)	一人当たりの GDP	freedom
日本	2014	38400	90
日本	2015	38600	94
日本	2016	38900	96
米国	2014	55800	92
米国	2015	56800	92
米国	2016	57300	90
英国	2014	41400	97
英国	2015	42000	97
英国	2016	42500	95

出典：CIA(2016)，Freedom House(2014, 2015, 2016)

方で，民主主義と経済の両方の発展を促す第三の要因があるという主張もある．民主化移行の前と後を観察することによって，パネルデータ分析では，どちらの仮説が正しいかを検証することができる．

北村 (2013, p.63) が指摘するとおり，「パネルデータではデータが不完備になることは常に起こること」であり，欠測への対処は重要である．また，Graham(2009, p.564) と Raghunathan(2016, p.135) が指摘するとおり，パネルデータの多重代入法では扱うべき変数の数が爆発的に増加する傾向がある．特に，代入間の繰り返し回数 T を十分な数字に設定した場合，R パッケージ norm や mice によって 100 変数以上のデータを扱うことは極めて困難である．一方，ブートストラップ法に EM アルゴリズムを適用する R パッケージ Amelia では，240 変数，32,000 観測値のデータに多重代入法を適用することができ，変数の数はもはや問題ではなくなった (Honaker and King, 2010, p.565)．

多重代入法以外の欠測パネルデータの解析方法は，Wooldridge(2002, pp.577-590)，Hsiao(2014, pp.292-298, pp.403-429)，阿部 (2016, pp.125-159)，高井・星野・野間 (2016, pp.179-195) を参照されたい．

12.1　パネルデータ分析概論

パネルデータの分析は，横断面的な側面と時系列的な側面を持ち合わせ

るという性格上，難易度が高いため，ここで完全データの場合の分析方法
を少し詳しく確認しておく.

　表12.1 の場合，原理的には国別に3つの時系列分析を行うことができ
る．あるいは，各々の年ごとに3つの横断面的分析を行うことができる．
ただし，2つの変数に対して観測数が3個しかなく分析の精度が低くな
る．表12.1 はあくまでも例のため極端に小規模だが，現実のデータでも
程度の差こそあれ，同じような問題が発生しうる．そこで，表12.1 のデ
ータ全体を一括して通常の横断面データと同じように分析することが考
えられる．このように，時系列と横断面の両方を統合することをプールす
る (pool) という．つまり，(12.1) 式である．ここで，i は i 番目の横断面
の単位，t は t 番目の時間，k は説明変数の数を表し，β_0 は 1×1 のスカ
ラー，$\boldsymbol{\beta}'$ は $1 \times k$ のベクトル $(\beta_{1it}, \beta_{2it}, \ldots, \beta_{kit})$，$\mathbf{X}_{it}$ は $k \times 1$ のベク
トル $(X_{1it}, X_{2it}, \ldots, X_{kit})$ である (Gujarati, 2003, p.640; Hsiao, 2014,
pp.17-19).

$$Y_{it} = \beta_0 + \boldsymbol{\beta}' \mathbf{X}_{it} + \varepsilon_{it} \qquad (12.1)$$

12.1.1　プール最小二乗法

　(12.1) 式のパラメータを推定する方法として，まずは時間と空間の要
素を無視して，通常の最小二乗法によって推定する方法を考えてみよう.
これをプール最小二乗法 (pooled OLS: pooled ordinary least squares)
と呼ぶ．もし母集団からの標本抽出が各時点において無作為ならば，こ
れらすべての無作為な標本をプールすることによって，独立にプールさ
れた横断面データを構築することができる．もし誤差項の条件付き期待
値に関する仮定 $E(\varepsilon_{it} | \mathbf{X}_{it}) = 0$ が満たされており，$\mathbf{X}_{it}$ と ε_{it} が同一時点
における相関を持たなければ，プール最小二乗法推定量は一致性を持つ
(Wooldridge, 2009, p.445). この方法は，R パッケージ plm の plm 関数
において，`model="pooling"`と指定することで推定できる (Croissant et
al., 2016).

12.1.2　固定効果モデル

誤差項の条件付き期待値に関する仮定 $E(\varepsilon_{it}|\mathbf{X}_{it}) = 0$ が満たされない場合にこそ，パネルデータの真価が発揮される（川口, 2008, p.25）．たとえば，もし国ごとに特有な理由によって一人当たりの GDP の値が変化し，この国特有の要素が他の説明変数と相関がある場合は，(12.2) 式のとおり，国ごとのダミー変数としてモデルに組み込む必要がある．β_i の添え字 i は，国ごとに切片が変わることを意味し，これを個別効果 (individual effects) という．つまり，(12.1) 式の β_0 はすべての国に共通の 1 つの数値となるが，(12.2) 式の β_i は国ごとに異なる値である．

$$Y_{it} = \beta_i + \boldsymbol{\beta}'\mathbf{X}_{it} + \varepsilon_{it} \tag{12.2}$$

このような方法を最小二乗ダミー変数モデル (least squares dummy variables model) という (Hsiao, 2014, p.34)．もし β_i が国ごとに変化するにも関わらず，プール最小二乗法を用いた場合，係数の推定値に偏りが発生する．なお，最小二乗ダミー変数モデルは，本質的に固定効果モデル (fixed effects model) と同一である (Wooldridge, 2009, p.486)．固定効果モデルは，(12.2) 式における各国について期間の平均を計算したものを (12.2) 式から引くことによって得られる (Kennedy, 2003, p.304)．

(12.3) 式の F 検定によって個別効果の有無 $H_0 : \beta_1 = \beta_2 = \ldots = \beta_{N-1} = 0$ を確認できる (Hsiao, 2014, p.20)．ここで，R_1^2 は国別のダミー変数のあるモデルにおける決定係数を表し，R_2^2 は通常の 1 つの切片を持つモデルにおける決定係数を表し，l はダミー変数のあるモデルにおけるパラメータの数を表す．

$$F = \frac{(R_1^2 - R_2^2)/(N-1)}{(1 - R_1^2)/(NT - N - l)} \tag{12.3}$$

この F 検定の結果が有意であれば，個別効果 β_i が存在し，プール最小二乗法モデルではなく固定効果モデル，または，後述の変量効果モデルを使用する必要がある．固定効果モデルは，R パッケージ plm の plm 関数において model="within" と指定することで推定できる (Croissant et al., 2016).

12.1.3　変量効果モデル

　固定効果モデルでの個別効果 β_i は，国ごとには異なるが，特定の国に関しては固定であった．つまり，米国の切片と日本の切片は異なるが，標本抽出を繰り返しても米国の切片は常に同じ値に固定されている．ゆえに，固定効果と呼ぶ．

　しかし，国特有の影響は，何らかの分布からのランダムなショックとして考慮しなければならない場合がある．変量効果モデル (random effects model) では，個別効果 β_i について，$E(\beta_i) = 0$，$E(\beta_i^2) = \sigma_\beta^2$，$E(\beta_i \varepsilon_{it})$ $= 0$ と仮定する．よって，(12.2) 式は (12.4) 式となる．ここで，$\nu_{it} = \beta_i + \varepsilon_{it}$ を誤差項とみなし，μ は全体の切片である (Hsiao, 2014, p.40)．

$$Y_{it} = \mu + \boldsymbol{\beta}'\mathbf{X}_{it} + \beta_i + \varepsilon_{it} = \mu + \boldsymbol{\beta}'\mathbf{X}_{it} + \nu_{it} \tag{12.4}$$

　ガウス・マルコフの仮定より，(12.5) 式の下で通常の最小二乗法 (OLS) による推定量は最良線形不偏推定量 (BLUE) である．ここで，$\mathbf{I}$ は $n \times n$ の単位行列である．

$$\sigma^2\mathbf{I} = \begin{bmatrix} \sigma^2 & 0 & 0 & \cdots & 0 \\ 0 & \sigma^2 & 0 & \cdots & 0 \\ 0 & 0 & \sigma^2 & \cdots & 0 \\ \vdots & \vdots & \vdots & \ddots & \vdots \\ 0 & 0 & 0 & \cdots & \sigma^2 \end{bmatrix} \tag{12.5}$$

　しかし，誤差項に相関があるので，(12.6) 式の下では，$\boldsymbol{\beta}'$ を通常の最小二乗法 (OLS) で推定すると BLUE ではない．ここで，ρ_{ij}^2 は，i 番目と j 番目の誤差項の相関係数である．

$$\sigma^2\boldsymbol{\Omega} = \begin{bmatrix} \sigma_1^2 & \rho_{12} & \rho_{13} & \cdots & \rho_{1n} \\ \rho_{21} & \sigma_2^2 & \rho_{23} & \cdots & \rho_{2n} \\ \rho_{31} & \rho_{32} & \sigma_3^2 & \cdots & \rho_{3n} \\ \vdots & \vdots & \vdots & \ddots & \vdots \\ \rho_{n1} & \rho_{n2} & \rho_{n3} & \cdots & \sigma_n^2 \end{bmatrix} \tag{12.6}$$

よって，(12.7) 式の一般化最小二乗法 (GLS: generalized least squares) によって推定する必要がある．ここで，$\mathbf{\Omega}$ は誤差項の非条件付き分散共分散行列 (Wooldridge, 2002, p.154) で，対称な正定値行列であると仮定されるが，その値は一般的に不明である．よって，データから推定した $\hat{\mathbf{\Omega}}$ に置き換えることで，実行可能一般化最小二乗法 (FGLS: feasible generalized least squares) として推定する (Wooldridge, 2002, pp.157-160; Hsiao, 2014, pp.41-44)．ここで，$\mathbf{Y}_i$ は $T \times 1$ のベクトル，$\mathbf{X}_i$ は $T \times k$ の行列である．

$$\hat{\boldsymbol{\beta}}_{\text{FGLS}} = \left(\sum_{i=1}^{N} \mathbf{X}_i' \hat{\mathbf{\Omega}}^{-1} \mathbf{X}_i \right)^{-1} \left(\sum_{i=1}^{N} \mathbf{X}_i' \hat{\mathbf{\Omega}}^{-1} \mathbf{Y}_i \right) \tag{12.7}$$

個別効果 β_i と説明変数 $\mathbf{X}_{it}$ に相関がなければ変量効果モデルに一致性があるが，相関がある場合は一致性がない．一方，個別効果 β_i と説明変数 $\mathbf{X}_{it}$ に相関があっても，固定効果モデルには一致性がある．よって，ハウスマン検定 (Hausman test) によって，次の仮説を検定する．

$$H_0 : E(\beta_i \mathbf{X}_{it}) = 0$$

$$H_1 : E(\beta_i \mathbf{X}_{it}) \neq 0$$

この検定結果が有意でなければ，変量効果モデルを用いる．変量効果モデルは，R パッケージ plm の plm 関数において model="random" と指定することで推定できる (Croissant et al., 2016)．この検定結果が有意である場合，前項で説明した固定効果モデルを用いる (Wooldridge, 2009, p.493).

12.1.4　不均一分散と系列相関

パネルデータにおける誤差項の分散は，不均一の可能性がある．この問題に対処するため，Beck and Katz(1995) は，パネル修正標準誤差 (PCSE: panel corrected standard error) を提案した[2]．パネル修正標準誤

---

[2] PCSE を用いた分析には一定の批判的見解も存在するが（曽我, 2011, pp.211-212），パネルデータの適切な分析手法は，完全データの場合に関してもいまだ議論のあるもので，唯一絶対の方法はない点を指摘しておく（飯田, 2013, p.70）.

差は，R パッケージ plm の coeftest 関数において vcov.=vcovBK と指定することで推定できる (Croissant et al., 2016)．パネル修正標準誤差を用いる場合，誤差項の系列相関を排除するために，ラグ付き従属変数をモデルに投入することが推奨されている (Bailey and Katz, 2011, p.3).

完全データにおけるパネルデータ分析については，北村 (2003) および飯田 (2013, pp.61-77) なども参照されたい．

12.2 データと使用する R パッケージ

第 11 章で説明したとおり，R パッケージ Amelia では，時系列のトレンドに関する情報を多項式として組み入れることが可能であり，またラグ付き変数やリード変数を導入することもできる (Honaker and King, 2010, p.566; Honaker et al., 2011, p.17). 32,000 観測数と 240 変数の欠測データに多重代入法を実施することもでき，巨大なパネルデータにも対応できる (Honaker and King, 2010, p.565). Amelia による多重代入法をパネルデータに適用した分析例は，Reibling(2013) および Dahlum and Knutsen(2017) を参照されたい．

R パッケージ Amelia, plm, lmtest の 3 つを読み込む．今回は，Amelia に内蔵されている africa データを例として用いる．参考までに，summary 関数により，africa データの要約を示す．

```
> library(Amelia); library(plm); library(lmtest)
> data(africa)
> summary(africa)
     year            country        gdp_pc            infl
 Min.   :1972   Burkina Faso:20   Min.   : 376.0   Min.   : -8.400
 1st Qu.:1977   Burundi     :20   1st Qu.: 513.8   1st Qu.:  4.760
 Median :1982   Cameroon    :20   Median :1035.5   Median :  8.725
 Mean   :1982   Congo       :20   Mean   :1058.4   Mean   : 12.753
 3rd Qu.:1986   Senegal     :20   3rd Qu.:1244.8   3rd Qu.: 13.560
 Max.   :1991   Zambia      :20   Max.   :2723.0   Max.   :127.890
                                                   NA's   :2
```

```
     trade              civlib            population
Min.   : 24.35    Min.    :0.0000    Min.    : 1332490
1st Qu.: 38.52    1st Qu.:0.1667    1st Qu.: 4332190
Median : 59.59    Median :0.1667    Median : 5853565
Mean   : 62.60    Mean    :0.2889    Mean    : 5765594
3rd Qu.: 81.16    3rd Qu.:0.3333    3rd Qu.: 7355000
Max.   :134.11    Max.    :0.6667    Max.    :11825390
NA's   :5
```

　収録されている変数は，year（年），country（国名），gdp_pc（一人
当たりの GDP），infl（インフレーション），trade（対 GDP 費の貿易
額），civilb（市民の自由度に関する指標），population（総人口）の 7
変数である．収録期間は，1972 年から 1991 年までの 20 年間である．収
録されている国は，ブルキナファソ，ブルンジ，カメルーン，コンゴ，セ
ネガル，ザンビアの 6 か国である．よって，全観測数は 120 年・国であ
る．

12.3　R パッケージ Amelia によるパネルデータ分析

　表 12.2 に示すとおり，R パッケージ Amelia によって多重代入法を実
行する．引数 cs=において横断面 (cross-section) の単位として"country"
を指定し，引数 ts=において時系列 (time-series) の単位として"year"を
指定する．引数 polytime=の右辺に 3 以内の多項式を指定でき，今回は 2
としている．また，Beck and Katz(1995) のパネル修正標準誤差をパネ
ルデータ分析において使用し，そこではラグ付き従属変数を導入するこ
とが要請されるため，lags=の右辺に gdp_pc を指定する．これで適合性
にも問題は生じない．第 11 章で述べたとおり，もし，未来の値から過去
の値を予測することによって代入モデルの精度が向上するならば，引数に

表 12.2　Amelia によるパネルデータの多重代入法

```
1  M<-5; set.seed(1)
2  a.out<-amelia(africa,m=M,cs="country",ts="year",
3              polytime=2,lags="gdp_pc")
```

表 12.3　多重代入済みパネルデータの分析モデル選択

```
1   test<-matrix(NA,M,2)
2   for(i in 1:M) {
3     a.outData<-pdata.frame(a.out$imputations[[i]],
4                         index=c("country","year"))
5     ols.out<-plm(gdp_pc~lag(gdp_pc)+infl+trade+civlib+population,
6                  data=a.outData,model="pooling")
7     fix.out<-plm(gdp_pc~lag(gdp_pc)+infl+trade+civlib+population,
8                  data=a.outData,model="within")
9     random.out<-plm(gdp_pc~lag(gdp_pc)+infl+trade+civlib+population,
10                  data=a.outData,model="random")
11    test[i,1]<-pFtest(fix.out,ols.out)$p.value
12    test[i,2]<-phtest(fix.out,random.out)$p.value
13  }
14  summary(test)
```

leads="gdp_pc"を追加してもよい.

　実際に分析を行う前に, 第6章で紹介したとおり, 代入モデルの診断を行うべきである. 診断の結果次第では, 代入モデルの指定方法を変更したり, 変数を変換したり, 他の補助変数を追加したりする必要がある. 時系列分析の場合と同様に, polytime, lags, leads など, いろいろな引数を試し, 当てはまりのよいモデルを探すべきだろう.

　プール最小二乗法モデル, 固定効果モデル, 変量効果モデルのいずれを選ぶべきか, F検定とハウスマン検定によって調べる. 具体的な方法は, 表 12.3 のとおりである.

　3行目から4行目にかけて, クラス amelia のオブジェクトをpdata.frame 関数によってパネルデータ形式に変換している. 5行目から 10 行目にて, パネルデータモデルを構築している. plm 関数の引数 model=の右辺には使用するモデルを指定する. プール最小二乗法の場合"pooling"と指定し, 固定効果モデルの場合"within"と指定し, 変量効果モデルの場合"random"と指定する. 5行目から6行目はプール最小二乗法, 7行目から8行目は固定効果モデル, 9行目から 10 行目は変量効果モデルである. 11 行目にて pFtest 関数を用いて F検定を実施し, 12

行目にて phtest 関数を用いてハウスマン検定を実施している．結果は行列 test に格納している．

```
> summary(test)
        V1                    V2
Min.    :0.0002761    Min.    :0.000003179
1st Qu.:0.0003505    1st Qu.:0.000005197
Median :0.0005804    Median :0.000010640
Mean    :0.0014901    Mean    :0.000166984
3rd Qu.:0.0011297    3rd Qu.:0.000042946
Max.    :0.0051138    Max.    :0.000772958
```

　V1 は F 検定（M 回）の p 値である．V2 はハウスマン検定（M 回）の p 値である．F 検定では，すべての個別効果が同じであるという帰無仮説において検定をしているので，p 値が 0.05 未満であれば個別効果があることになる．つまり，V1 の値が 0.05 以上であればプール最小二乗法を，0.05 未満であれば固定効果モデルまたは変量効果モデルを用いる (Kennedy, 2003, pp.306-307)．ハウスマン検定では，誤差項と説明変数の相関が 0 という帰無仮説において検定をしているので，p 値が 0.05 以上であれば FGLS の一致性に問題はない．つまり，V2 の値が 0.05 以上であれば変量効果モデルを，0.05 未満であれば固定効果モデルを用いる．

　以上の結果，固定効果モデルを用いればよいことがわかった．表 12.4 は，この結果を踏まえて多重代入済みパネルデータ分析を実行したものである．

　表 12.4 では，5 行目から 6 行目にて，plm 関数の引数 model=の右辺に "within"を指定し，固定効果モデルを用いている．7 行目にて，coeftest 関数の引数 vcov.=の右辺に vcovBK と指定することで，Beck and Katz (1995) のパネル修正標準誤差を出力する．これによって，パネル不均一分散の問題に対処している．また，モデルには，lag(gdp_pc) が含まれているので，系列相関の問題にも対処している．5 回の多重代入済みパネルデータを個別に用いた分析結果における係数は 8 行目の b.out に，標準誤差は 9 行目の se.out にそれぞれ格納されている．

表 12.4 多重代入済みパネルデータの分析

```
1   b.out<-NULL; se.out<-NULL
2   for(i in 1:a.out$m) {
3     a.outData<-pdata.frame(a.out$imputations[[i]],
4                            index=c("country","year"))
5     model.out<-plm(gdp_pc~lag(gdp_pc)+infl+trade+civlib+population,
6                    data=a.outData,model="within")
7     coeftest(model.out,vcov.=vcovBK)
8     b.out<-rbind(b.out,coeftest(model.out,vcov.=vcovBK)[,1])
9     se.out<-rbind(se.out,coeftest(model.out,vcov.=vcovBK)[,2])
10  }
```

表 12.5 結果の統合

```
1   coef<-5
2   combined.results<-mi.meld(q=b.out,se=se.out)
3   tp<-matrix(NA,2,coef)
4   for(i in 1:coef){
5     tp[1,i]<-combined.results$q.mi[1,i]/combined.results$se.mi[1,i]
6     tp[2,i]<-rbind((pnorm(abs(tp[1,i]),lower.tail=F))*2)
7   }
8   combined.results; tp
```

　結果の統合方法は，表 12.5 のとおりである．なお，固定効果モデルの場合，切片がないので，1 行目において説明変数の数だけ coef に数字を指定する．今回は 5 である[3]．2 行目にて，mi.meld 関数を用いて統合する．4 行目から 7 行目にかけて，M 個の分析結果に基づく t 値と p 値を統合している．

　分析結果は，以下のとおりである．係数は combined.results の$q.mi であり，標準誤差は$se.mi である．t 値は tp の [1,] 行目であり，p 値は [2,] 行目である．

---

[3] プール最小二乗法と変量効果モデルの場合は切片を含めて 6 とする．

```
> combined.results
$q.mi
     lag(gdp_pc)        infl       trade     civlib      population
[1,]   0.9092009 -0.02183074 2.986075 48.10112 0.000005409343


$se.mi
     lag(gdp_pc)        infl       trade     civlib      population
[1,]   0.02306594 0.2732387 0.7792469 54.50712 0.000006261214


> tp
          [,1]        [,2]          [,3]        [,4]        [,5]
[1,] 39.41747 -0.0798962 3.8320010489 0.8824742 0.8639448
[2,]  0.00000  0.9363198 0.0001271052 0.3775205 0.3876182
```

　欠測は，多重代入法によって処理済みである．プール最小二乗法モデル，固定効果モデル，変量効果モデルの中から適切なモデルを検定によって選んでいる．誤差項の不均一分散の問題はパネル修正標準誤差で処置し，誤差項の自己相関の問題はラグ付き従属変数によって処置した．よって，結果の解釈は，完全データにおける通常の回帰モデルと同じようにすればよい．

　ラグ付き従属変数 lag(gdp_pc) の係数は 0.909 で，一人当たりの GDP に対して正の影響を与えており，この結果は 5% の水準で統計的に有意である（$p = 0.000$）．変数 trade の係数は 2.986 で，一人当たりの GDP に対して正の影響を与えており，この結果は 5% の水準で統計的に有意である（$p = 0.000$）．その他の変数は，5% の水準で統計的に有意ではない．

　変数 trade は対 GDP 費の貿易額を表しており，国同士の付き合いの多さを表していると考えられる．つまり，ある国が外に対してどれぐらいオープンであるかを示していると考えられる．変数 civilb は市民の自由度に関する指標であり，民主化のレベルを表していると考えられる．今回の結果では，変数 trade によって経済発展に与える影響が確認されており，この変数の影響を考慮した場合，民主主義が経済発展に与える影響は確認されなかった．ただし，これはアフリカの 6 か国に限定した結論である．

第 ⑬ 章

感度分析：NMARの統計解析

　これまで，欠測メカニズムはMAR（またはMCAR）を仮定してきた．すなわち，もし欠測メカニズムがMARならば，これまで処理してきた方法によって妥当な統計分析ができているということである．もしMARの仮定が間違っている場合には，どうなるのであろうか？　本章では，そのような疑問に答えるために，感度分析 (sensitivity analysis) を扱う．

13.1　感度分析

　MARの仮定が間違っている場合，多重代入法は使用できないとよく誤解されているが，多重代入法自体はMARの仮定を必要とはしておらず，NMAR（よってNI）の下においても使用することができる．ただし，これまでのように，単純に観測データを条件としてモデルを構築できず，適切なNMARの状況を考えた上で，その状況に即したモデル作りをする必要がある (Schafer, 1999, p.8; van Buuren and Groothuis-Oudshoorn, 2011, pp.50-51).

　多重代入法に限定した話ではなく，尤度解析においても同じことがいえるが，NMARの統計解析は本質的に難しい．なぜなら，MARの下ではモデルに対して欠測メカニズムは1つしかないが，NMARの下では無数の欠測メカニズムが存在しうるからである (Allison, 2002, p.77). よって，これら無数の状況の中からいくつかを選び出して採用する．もし

NMAR の仮定自体が間違っていた場合，その結果に基づく分析結果は，MAR に基づく分析結果よりも悪くなることが知られている (Graham, 2009, p.570)．したがって，NMAR の統計解析は，その結果そのものを採用するというよりも，MAR に基づく解析結果の頑健性を確認するために用いる．

　このような考え方を感度分析という．すなわち，感度分析とは，NMARの仮定が正しい欠測メカニズムと考えた場合に，MAR の仮定に基づく分析結果と NMAR に基づく分析結果がどれぐらい異なるかを評価する手法である（阿部, 2016, p.160）．結果が大きく異ならない場合，MAR の仮定に基づく分析結果の信頼性は高いとみなせる．一方，結果が大きく異なる場合，結果の信頼性は低く，MAR の仮定をより妥当なものとするために補助変数を多く組み入れるなどの対処が必要である（高橋, 2017, p.80）．感度分析については，Carpenter and Kenward(2013, pp.229-268)，阿部 (2016, pp.160-170)，高井・星野・野間 (2016, pp.206-213) も参照されたい．

　なお，感度分析以外にも，狩野 (2014) は MAR 条件の緩和を提案し，数学的に緩和される条件を示した．この考え方は，多重代入法においても有効だと考えられ，今後，その方面での応用が期待される．

13.2　NMAR における解析手法

　NMAR の統計解析手法としては，選択モデル (selection model) とパターン混合モデル (pattern-mixture model) が一般に知られている (Little and Rubin, 2002, p.313)．$\mathbf{D}$ を $n \times p$ のデータセットとする（$n =$ 標本サイズ，$p =$ 変数の数）．D_{ij} を i 番目の観測値の j 番目の変数のデータとする．$\mathbf{K}$ を回答指示行列とする．D_{ij} が観測されるとき $K_{ij} = 1$ であり，D_{ij} が観測されないとき $K_{ij} = 0$ である．

　選択モデルは (13.1) 式である．まず，$\mathbf{D}$ を観測する確率を $Pr(\mathbf{D})$ としてモデル化し，次に，$\mathbf{D}$ を条件としてデータが欠測するかしないかを $Pr(\mathbf{K}|\mathbf{D})$ としてモデル化する (Allison, 2002, p.78)．一般的に，$Pr(\mathbf{D})$

は正規分布として，$Pr(\mathbf{K}|\mathbf{D})$ は Heckman のプロビットによってモデル化する (van Buuren, 2012, p.89)．

$$Pr(\mathbf{D}, \mathbf{K}) = Pr(\mathbf{D})Pr(\mathbf{K}|\mathbf{D}) \tag{13.1}$$

パターン混合モデルは (13.2) 式である．まず，欠測するかしないかを $Pr(\mathbf{K})$ としてモデル化し，次に，欠測するかしないかを条件としてデータの分布を $Pr(\mathbf{D}|\mathbf{K})$ としてモデル化する (Allison, 2002, p.79)．これは，回答者と無回答者の分布に分割することができる．つまり $Pr(K_{ij} = 1)Pr(\mathbf{D}|K_{ij} = 1)$ と $Pr(K_{ij} = 0)Pr(\mathbf{D}|K_{ij} = 0)$ である．同時分布は，この 2 つの分布パターンが混合したものである (van Buuren, 2012, p.90)．

$$Pr(\mathbf{D}, \mathbf{K}) = Pr(\mathbf{K})Pr(\mathbf{D}|\mathbf{K}) \tag{13.2}$$

数学的には，ベイズの定理によって選択モデルとパターン混合モデルはお互いに置き換えることができるが，異なる仮定に依拠しているため，異なる結果を生成することがある (Enders, 2010, p.291; van Buuren, 2012, p.90)．特に，多重代入法に対しては，パターン混合モデルの方が適用しやすいといわれている (Allison, 2002, p.79)．

NMAR モデルには，本質的に識別性 (identification) の問題が発生する．したがって，複雑なモデルを構築することよりも，定数を掛けたり足したりするといった単純なモデルを用いることが推奨されている (Rubin, 1987, p.203; van Buuren, 2012, p.185)．このような方法をデルタ修正 (delta adjustment) という (Enders, 2010, p.289; van Buuren and Groothuis-Oudshoorn, 2011, p.51)．この方法は，基本的にパターン混合モデルである (Resseguier et al., 2013)．

13.3　R パッケージ SensMice と Amelia による感度分析

感度分析は，理論的にも，統計ソフトウェアの開発についても，研究途上の分野である（Héraud-Bousquet et al., 2012, p.2; 阿部, 2016, p.169）．

実際，R において感度分析を実行できるパッケージはほとんどない．R
パッケージ mice における感度分析の実行方法は，van Buuren and
Groothuis-Oudshoorn(2011, pp.50-51) および van Buuren(2012, pp.88-
93, pp.182-188) にて説明されているが，この方法は mice のみで有効で
ある．また，手順がやや煩雑である．

　R パッケージ SensMice(Resseguier, 2010) は，R パッケージ mice 用の
感度分析法として公開されたが，このパッケージは少し工夫することで，
R パッケージ Amelia および norm にも応用できる．本書では，このパッ
ケージを用いて，できるだけ汎用的な説明を試みたい．R パッケージ
SensMice では，MAR の下で多重代入を行った後，条件付き期待値の差
を取る形で代入モデルを変更し，想定した NMAR の下，代入を再度行
って，結果に大きな変化がないかを確認する (Resseguier et al., 2011,
p.282; Resseguier et al., 2013, p.4). SensMice と同じタイプの感度分
析を用いた応用例は，Leacy et al.(2017, p.306) も参照されたい．

　ただし，R パッケージ SensMice は CRAN のウェブサイトからは入手
できないが，下記の要領でインストールして使用できる．まず，「パッ
ケージのインストール」から R パッケージ devtools をインストールし，
library 関数で起動する．次に，install_github 関数により，GitHub
から SensMiceDA のパッケージをインストールする．

```
library(devtools)
install_github("davidaarmstrong/SensMiceDA")
```

　第 8 章と同じデータ（GDP，Freedom House，中央銀行金利，ジニ係
数）を用いて感度分析を実行する．データを読み込み，多重代入法を実行
するところまでは今までと同じであるが，library 関数により
SensMiceDA を起動する．

```
df1<-read.csv(file.choose(),header=TRUE,row.names="country")
attach(df1)
loggdp<-log(gdp); logcb<-log(centralbank)
dataset<-data.frame(loggdp,freedom,logcb,gini)
library(Amelia); library(mice); library(SensMiceDA); library(miceadds)
M<-5; set.seed(1)
a.out<-amelia(dataset,m=M)
```

　感度分析の目的は，欠測データに関する状況設定をさまざまに変更し，分析結果にどのような影響が出るかを見ることである．よって，代入法を行う状況をさまざまに設定するが，想定しうる状況設定は無限にある．その中から，特にありうる状況を選んで設定する必要がある (van Buuren, 2012, p.182)．つまり，デルタ修正におけるパラメータのデルタをどのように設定するかが問題である．

　今回の例では，変数 freedom は，理論上 0〜100 までの値であり，デルタは最大で 100，最小で −100 である．デルタを 100 に設定することは，欠測データのすべてが民主国家とすることを意味している．デルタを −100 に設定することは，欠測データのすべてが非民主国家とすることを意味している．というのも，デルタ 100 は代入値 0 に 100 を足し上げて 100 とすることを意味し，デルタ −100 は代入値 100 から 100 を引いて 0 とすることを意味するからである．明らかに，これらの状況設定は極端すぎるため，もっと現実的な範囲を設定する必要がある．

　範囲を設定する方法として，当該の変数の標準偏差を基準とする方法が知られている (Enders, 2010, p.289)．そこで，変数 freedom の標準偏差を計算し，その値を −1 倍，−0.5 倍，0 倍，0.5 倍，1 倍した 5 つのデルタ値を用意した．ここで，変数 freedom の標準偏差は 34.4 であり，デルタ値 0 倍は NMAR を想定していない場合である．そこから上と下に 17.2 ずつ代入値がシフトした場合，どのような影響が出るかを見ている．実際の分析では，この設定が現実的かどうか，背景知識と照らし合わせて十分な検討をする必要がある．

　具体的な感度分析の実行方法は，表 13.1 のとおりである．1 行目から 6 行目は，クラス amelia のオブジェクトを SensMice で用いるために必要

表 13.1　Amelia による感度分析の実行

```
1   a.mids<-datlist2mids(a.out$imputations)
2   imp<-mice(data=dataset,m=M,seed=1,meth="norm")
3   a.mids$method<-imp$method
4   a.mids$visitSequence<-imp$visitSequence
5   a.mids$predictorMatrix<-imp$predictorMatrix
6   a.mids$seed<-imp$seed
7   d<-sd(freedom,na.rm=TRUE)
8   delta<-c(-1*d,-0.5*d,0*d,0.5*d,1*d)
9   out<-sens.est(a.mids,list(freedom=delta))
10  mod.lm<-lm(loggdp~freedom+logcb+gini,data=df1)
11  pool<-sens.pool(mod.lm,sensData=out,impData=a.mids)
```

な前処理作業である．必ず，R パッケージ mice も起動しておく．7 行目
では変数 freedom の標準偏差を d として記録し，8 行目では delta の値
を 5 つ加工して記録している．9 行目では，sens.est 関数により NMAR
の解析を実行している．10 行目では，MAR 下におけるリストワイズ除
去による解析を実行している．11 行目において，sens.pool 関数により
結果を統合しているが，最初の引数は MAR 下におけるリストワイズに
よる分析結果（10 行目）であり，2 つ目の引数は NMAR 下での多重代入
法の結果（9 行目）であり，3 つ目の引数は MAR 下での多重代入法の結
果（1 行目）である．結果は以下のとおりである．

```
Multiple imputation results:
      MIcombine.default(X[[i]], ...)
                results        se     (lower       upper) missInfo
(Intercept)  9.15870535 1.35306587  6.10030176  1.221711e+01   72 %
freedom      0.01776719 0.01075618 -0.00598556  4.151995e-02   67 %
logcb       -0.48391111 0.22572360 -0.96779401 -2.820296e-05   59 %
gini        -0.01444751 0.04594452 -0.12576886  9.687384e-02   84 %
```

```
Multiple imputation results:
      MIcombine.default(X[[i]], ...)
                 results         se     (lower      upper) missInfo
(Intercept)    8.74677029 1.08838366   6.303497795 11.19004278    71 %
freedom        0.02316196 0.01098531  -0.002268077  0.04859199    77 %
logcb         -0.42618267 0.21925706  -0.921087620  0.06872228    72 %
gini          -0.01499879 0.03882990  -0.109888896  0.07989131    86 %
Multiple imputation results:
      MIcombine.default(X[[i]], ...)
                 results         se     (lower      upper) missInfo
(Intercept)    8.78250935 0.847618601  6.93486139 10.63015730    63 %
freedom        0.02761845 0.006368852  0.01511992  0.04011699     7 %
logcb         -0.36306340 0.138084310 -0.63408679 -0.09204002     7 %
gini          -0.02553148 0.025182648 -0.08050602  0.02944307    64 %
Multiple imputation results:
      MIcombine.default(X[[i]], ...)
                 results         se     (lower      upper) missInfo
(Intercept)    8.66959688 0.860631452  6.83177222 10.50742153    58 %
freedom        0.02454619 0.005398832  0.01388205  0.03521033    17 %
logcb         -0.38530522 0.123928878 -0.62842957 -0.14218086     6 %
gini          -0.01936057 0.025899195 -0.07685238  0.03813124    68 %
Multiple imputation results:
      MIcombine.default(X[[i]], ...)
                 results         se     (lower      upper) missInfo
(Intercept)    8.83064081 1.012941626  6.56357199 11.09770963    70 %
freedom        0.02126128 0.004768426  0.01181386  0.03070869    20 %
logcb         -0.43818352 0.121252426 -0.67940727 -0.19695976    24 %
gini          -0.01960309 0.025948183 -0.07735757  0.03815138    69 %
Multiple imputation results:
      MIcombine.default(X[[i]], ...)
                 results         se     (lower      upper) missInfo
(Intercept)    8.74357832 0.846926076  6.88332980 10.6038268     65 %
freedom        0.02822883 0.006428569  0.01558276  0.0408749     12 %
logcb         -0.36434013 0.132923978 -0.62523822 -0.1034421      7 %
gini          -0.02564721 0.023927209 -0.07745022  0.0261558     62 %
```

前から，デルタ値-1*d，-0.5*d，0*d，0.5*d，1*d の結果であり，最後の結果は MAR の場合の多重代入法による結果である．係数 (results)，標準誤差 (se)，95% 信頼区間 (lower, upper) が報告されている．freedom の係数の値は 0.018 から 0.028 の間であり，標準誤差は 0.005 から 0.011 である．95% 信頼区間 (lower, upper) の中にゼロが含まれているかどうかを見ることで，NMAR の仮定が統計的検定の結果にどれだけ影響を与えているか判断できる．Intercept の係数は，デルタが-1*d から 1*d の範囲において，すべての状況で有意である．freedom の係数は，デルタが-0.5*d 以下のとき，有意ではないが，それ以外の状況では有意である．logcb の係数は，デルタが-0.5*d のときのみ，有意ではないが，それ以外の状況では有意である．gini の係数は，デルタが-1*d から 1*d の範囲において，すべての状況で有意ではない．

13.4 R パッケージ SensMice と mice による感度分析

参考までに，mice を用いた感度分析の R コードを表 13.2 に示す．基本的な考え方は，表 13.1 と同じである．

表 13.2 mice による感度分析の実行

```
1   library(mice); library(norm2); library(SensMiceDA)
2   M<-5; seed2<-1
3   emResult<-emNorm(dataset,iter.max=10000)
4   max2<-emResult$iter*2
5   a.mids<-mice(data=dataset,m=M,seed=seed2,meth="norm",maxit=max2)
6   d<-sd(freedom,na.rm=TRUE)
7   delta<-c(-1*d,-0.5*d,0*d,0.5*d,1*d)
8   out<-sens.est(a.mids,list(freedom=delta))
9   mod.lm<-lm(loggdp~freedom+logcb+gini,data=df1)
10  pool<-sens.pool(mod.lm,sensData=out,impData=a.mids)
```

13.5 　R パッケージ SensMice と norm による感度分析

参考までに norm を用いた感度分析の R コードを表 13.3 に示す．基本的な考え方は，表 13.1 と同じである．

表 13.3 　norm による感度分析の実行

```
1   library(norm2); library(lattice); library(miceadds)
2   library(mice); library(SensMiceDA)
3   m<-5; seed2<-1; set.seed(seed2)
4   emResult<-emNorm(dataset,iter.max=10000)
5   max1<-emResult$iter*2
6   imp.list<-as.list(NULL)
7   for(j in 1:m){
8     mcmcResult<-mcmcNorm(emResult,iter=max1)
9     imp.list[[j]]<-impNorm(mcmcResult)
10  }
11  a.mids<-datlist2mids(imp.list)
12  imp<-mice(data=dataset,m=M,seed=1,meth="norm")
13  a.mids$method<-imp$method
14  a.mids$visitSequence<-imp$visitSequence
15  a.mids$predictorMatrix<-imp$predictorMatrix
16  a.mids$seed<-imp$seed
17  d<-sd(freedom,na.rm=TRUE)
18  delta<-c(-1*d,-0.5*d,0*d,0.5*d,1*d)
19  out<-sens.est(a.mids,list(freedom=delta))
20  mod.lm<-lm(loggdp~freedom+logcb+gini,data=df1)
21  pool<-sens.pool(mod.lm,sensData=out,impData=a.mids)
```

第 **14** 章

事前分布の導入

4.2 節で述べたとおり，多重代入法はベイズ統計学の枠組みで構築され
たものであり，事前分布と尤度を合算させることにより事後分布を構成す
る．一般的に，多重代入法における事前分布には，無情報事前分布を用い
ることが多いが (Raghunathan, 2016, p.17)，本章では，表 8.2 のデータ
を用いて，第 8 章で実行した重回帰分析の結果に対して事前分布の活用
方法を紹介する．データの読み込み方法は，8.2 節を参照されたい．

14.1　R パッケージ Amelia による事前分布の活用

本節では，R パッケージ Amelia による事前分布の活用方法を紹介する
(高橋・阿部・野呂, 2015, pp.46-53)．EMB アルゴリズムにおける事前
分布は，期待値ステップにおいて導入され，期待値ステップにおける代入
値を通じて間接的に最大化ステップに影響を与えるものである．EM アル
ゴリズムは最尤推定法であり，ベイズ推定ではないが，欠測データを処理
する場合，最大化ステップにおける事前分布はベイズの事前分布とみなす
ことができる (Honaker and King, 2010, p.570).

14.1.1　観測値に関する事前分布
　ある観測値が欠測していても，およその値がわかっていることは多い．
たとえば，日常生活において，他人の年齢を正確に知っていることは稀だ

が，経験的に「A さんは，経歴から考えて，自分よりも 3 歳から 5 歳ほど年上だと思われる」といった具合に，ある程度の情報がわかるかもしれない．自分の年齢が 30 歳だとすれば，A さんの年齢の事前分布は，5% 有意水準において，33 歳から 35 歳である．この分布の中心が平均値，つまり 34 歳である．標準偏差 ×2 の中に 95% の観測値が含まれるので，標準偏差は 0.5 歳と指定できる．このような事前の情報があるとき，個別の欠測データのセルに関して，一般的なモデルパラメータではなくベイズ事前分布として事前情報を Amelia に取り入れることができる (Honaker et al., 2011, pp.20-23).

Amelia において観測値に関する事前分布を入力するには，$n_{pr} \times 4$ の事前分布行列を構築する[1]．ここで，n_{pr} は，事前分布を設定したい観測値の数である．この行列の各行は，観測値に関する事前分布を表す．また，行列の 1 列目は観測値の行番号であり，2 列目は観測値の列番号であり，3 列目と 4 列目は欠測値の事前分布における平均値と標準偏差である．

たとえば，マカオの freedom の値は欠測しているが，マカオに長く滞在したことがあるとしよう．中国本土とは異なり自由が許されているが，欧米諸国よりも制限があると認識しており，その値は 50 から 70 の間だと感じているとしよう．同様に，16 行目のモントセラトについても，事前の知識（70〜90）があるとしよう．

具体的には，表 14.1 のとおり実行する．1 行目から 3 行目までは，第 8 章で実行したとおりである．4 行目から 6 行目にかけて，pmat1 を 2×4 行列として構築する．13 は観測値マカオがデータの 13 行目にあることを意味し，16 は観測値モントセラトがデータの 16 行目にあることを意味する．2 は変数 freedom がデータの 2 列目にあることを意味する．60 はマカオの事前分布の平均値，80 はモントセラトの事前分布の平均値，5 は事前分布の標準偏差である．つまり，$60 \pm 2 \times 5 = (50, 70)$ と $80 \pm 2 \times 5 = (70, 90)$ である．7 行目にて，amelia 関数の引数として，priors=pmat1 と指定して実行する．8 行目から 11 行目までは，第 8 章で実行したとお

---

[1]この方法を応用して，測定誤差に対処する手法も提案されている (Blackwell et al., 2017b, p.343).

表 14.1　Amelia による重回帰分析と観測値の事前分布

```
1   dataset<-data.frame(loggdp,freedom,logcb,gini)
2   library(Amelia); library(miceadds); library(mice)
3   M<-5; set.seed(1)
4   pmat1<-matrix(c(13,2,60,5,
5                    16,2,80,5),
6              nrow=1,ncol=4,byrow=TRUE)
7   a.out<-amelia(dataset,m=M,priors=pmat1)
8   a.mids<-datlist2mids(a.out$imputations)
9   modelA<-lm.mids(loggdp~freedom+logcb+gini,data=a.mids)
10  summary(pool(modelA))
11  pool.r.squared(modelA)
```

りである.

14.1.2　変数の値に関する事前分布

　通常，多くの変数において，値の取りうる範囲は事前にわかっていることが多い．たとえば，体重の値は物理的な重さである以上，論理的に負になることはなく，また，人間の体重は 500 kg 未満であることが経験的にわかっている．このように，ある変数の取りうる値の範囲が論理的あるいは経験的に既知ならば，それを事前分布の一種としてモデルに組み込むことも可能である．こういった問題は，一般的に，適切な変数変換により処理できることも多いが，Amelia では切断正規分布モデル (truncated normal model) からの無作為抽出を行うことで，代入値を既知の範囲内に収めることができる (Honaker et al., 2011, pp.23-25).

　変数 freedom は，定義上，0 から 100 までの範囲に決まっている．よって，freedom の最小値は 0，最大値は 100 と設定することが論理的に可能である．同様に，gini の値も 0 から 100 である．

　具体的には，表 14.2 のとおり実行する．1 行目から 3 行目までは，第 8 章で実行したとおりである．4 行目から 6 行目にかけて，2 × 3 行列の bds を構築する．最初の列は，データ内における変数の列番号を意味する．2 つ目の列は，範囲の最小値を表す．3 つ目の列は，範囲の最大値を表す．下記の例では，2 は変数 freedom がデータ内の 2 列目にあること

表 14.2　Amelia による重回帰分析と変数の事前分布

```
1    dataset<-data.frame(loggdp,freedom,logcb,gini)
2    library(Amelia); library(miceadds); library(mice)
3    M<-5; set.seed(1)
4    bds<-matrix(c(2,0,100,
5                    4,0,100),
6                  nrow=2,ncol=3,byrow=TRUE)
7    a.out<-amelia(dataset,m=M,bounds=bds)
8    a.mids<-datlist2mids(a.out$imputations)
9    modelA<-lm.mids(loggdp~freedom+logcb+gini,data=a.mids)
10   summary(pool(modelA))
11   pool.r.squared(modelA)
```

を意味し，4 は変数 gini がデータ内の 4 列目にあることを意味する．0 は
freedom と gini の最小可能値が 0 であることを，100 は freedom と gini
の最大可能値が 100 であることをそれぞれ意味している．7 行目にて，
amelia 関数の引数として，bounds=bds と指定して実行する．8 行目か
ら 11 行目までは，第 8 章で実行したとおりである．

　ただし，変数の値の範囲を強制的に指定することには注意が必要であ
る．Honaker et al.(2011, p.23) は，変数の値の範囲を満たすべきなのは
M 個の代入値の平均であって，M 個の代入における個別の代入値は範囲
の外にあってもよいという．その理由は，代入値が範囲外に出るという
こと自体が，代入における真の不確実性を反映しているからである．た
だし，M 個の代入値の平均が範囲外に出た場合，代入モデル自体の信頼
性が疑わしく，モデルを再構築するべきである．一方，van Buuren and
Groothuis-Oudshoorn(2011, p.11) は，マイナスのカウントや妊娠した父
親のように，明らかに不可能な代入値とならないようにするべきと主張し
ている．ゆえに，範囲を強制的に指定することには，議論の余地がある．

14.1.3　リッジ事前分布

　国や都道府県を単位とするマクロデータの場合，観測数が数十しか利用
できない場合が少なくない．欠測率が非常に高かったり，観測数が非常に
少なかったりする場合には，EM アルゴリズムは不安定となり，代入の結

表 14.3　Amelia による重回帰分析とリッジ事前分布

```
1  dataset<-data.frame(loggdp,freedom,logcb,gini)
2  library(Amelia); library(miceadds); library(mice)
3  M<-5; set.seed(1)
4  a.out<-amelia(dataset,m=M,empri=0.1*nrow(df1))
5  a.mids<-datlist2mids(a.out$imputations)
6  modelA<-lm.mids(loggdp~freedom+logcb+gini,data=a.mids)
7  summary(pool(modelA))
8  pool.r.squared(modelA)
```

果は代入モデルの指定の仕方に大きく依存することとなる.

　こういった場合は, リッジ事前分布 (ridge prior) を追加する策が考え
られる (Honaker et al., 2011, pp.19-20). リッジ事前分布とは, 各変数
の平均値と分散はそのままにしつつ, 変数間の共分散をゼロに近づける
ことで, モデルの安定性を達成しようというものである (Schafer, 1997,
pp.155-157). この手法は, 現存するデータと同じ平均値と分散を持ち,
共分散が 0 となる人工的な観測値を追加していると考えられる. 多くの
ベイズによる分析と同様に, 偏りの増加を犠牲としつつ分散を減らすこと
で効率性を向上させるものである. このトレードオフの関係において, 偏
りの不利益が効率性の利益を上回らないように調整することが肝要であ
る.

　具体的には, 表 14.3 のとおり実行する. 1 行目から 3 行目までは, 第
8 章で実行したとおりである. 4 行目にて, amelia 関数の引数として,
empri=の右辺に数値を指定する. データ全体の 10% としたい場合には,
empri=0.1*nrow(df1) として下記のとおり入力すればよい. この値は,
0.1 以内とするべきである (Honaker et al., 2011, p.20). 5 行目から 8 行
目までは, 第 8 章で実行したとおりである.

14.1.4　複数の事前分布

　複数の事前分布を同時に活用することも可能である. これまで説明して
きた方法を同時に活用すればよい. ただし, 最終的に, 事前分布を活用す
るかどうかについては, 慎重な判断が要求される.

14.2 R パッケージ norm による事前分布の活用

R パッケージ norm においても，リッジ事前分布を活用することができる (Schafer, 2016, p.5). データ拡大法の初期値として EM アルゴリズムを実行する際に，引数として prior="ridge"を指定する. この際に，事前分布の自由度として prior.df=0.5 を指定する. この値を調整することで，相関係数の推定値をどの程度ゼロに近づけるかを調整している. この結果を mcmcNorm 関数にて，表 8.10 と同様に処理すればよい.

```
library(norm2)
emResult<-emNorm(dataset,iter.max=10000,prior="ridge",prior.df=0.5)
```

14.3 R パッケージ mice による事前分布の活用

R パッケージ mice においても，squeeze 関数を用いて変数の値に関する事前分布を指定することができる (van Buuren, 2012, p.135). それ以外は，表 8.8 と同様に処理すればよい.

```
library(mice)
imp<-mice(data=dataset,m=5,seed=1,meth="norm",maxit=50)
post<-imp$post
post[c("freedom","gini")]<-"imp[[j]][,i]<-squeeze(imp[[j]][,i],
                                                  c(0,100))"
imp<-mice(data=dataset,m=5,seed=1,meth="norm",maxit=50,post=post)
```

おわりに

　本書では，欠測データの問題を代入法によって処理する方法を説明してきた．分析の目的やデータの性質に応じて，使用するべき代入法を選ぶ必要があることも示した．具体的には，平均値に関する記述的な分析を行うことが目的であるならば，第3章で見たとおり，単一代入法を使用することができた．しかし，多くの社会科学的分析では，手元にあるデータは標本であり，ここから母集団の推定を行いたいと考えられる．その場合，第4章と第5章で導入した多重代入法を使用する必要があった．

　多重代入法には，データ拡大法（DAアルゴリズム），完全条件付き指定（FCSアルゴリズム），EMBアルゴリズムの3種類があった．量的データは，どの手法によって処理してもよく，第7章と第8章では，DAアルゴリズム，FCSアルゴリズム，EMBアルゴリズムの3種類によって分析する方法を提示した．

　一方，質的な欠測データの処理方法には，現在のところ決定打はないものの，FCSアルゴリズムが有力視されている．また，理論的には，ノンパラメトリックな多重ホットデック法もよいと考えられる．したがって，第9章と第10章では，この2つの手法によって分析する方法を提示した．

　時間軸を考慮に入れる多重代入法は，EMBアルゴリズムを搭載したRパッケージ Amelia の得意とするところであり，この手法を用いて第11章と第12章では，時系列データ分析とパネルデータ分析を行った．

　また，第6章では代入モデルを診断する方法を示し，第13章では感度分析を示した．欠測データは，定義上，データ内に存在していないからこそ，こういった診断方法や感度分析を用いて，分析の妥当性を検証することが大事である．最後に，第14章では，応用的な話題として事前分布についても触れた．

　本書は実務的に役立つことを目的としており，以上の内容すべてについて，Rにおける分析方法を具体的に提示した．本書の内容を活用することで，欠測データの適切な処理を踏まえた実証研究が盛んに行われるようになることを期待している．

　さらに，欠測データの問題は，統計的因果推論とも密接な関係にある．因果推論は，処置群と非処置群との比較で行うが，同一の対象者（個体）を同時に処置群と非処置群に割り付けることはできない．ゆえに，個体の因果効果は観測できないが，欠測データ解析の視点から平均処置効果を推定できる（Little and Rubin, 2002, p.10; 岩崎, 2015, p.70）．本書の内容が，その方面においても役に立てば幸いである．

　最後に，本書の「まえがき」において提示した以下の3つの疑問に対して，本書を読み終えた今，読者のみなさんは，どのように説明をされるだろうか？　たとえば，次のような回答が考えられる．

疑問1：データセットから不完全なデータを対象単位で除去してしまう方が，多重代入法を使うよりも簡単なのに，なぜそのようにしてはいけないのか？

回答：

　データセットから不完全な部分を対象ケース単位ですべて除去してしまう方法はリストワイズ除去といった．欠測がMCARの場合，この方法を用いてもよいが，MCARの仮定を満たすことは稀である．ただし，欠測が被説明変数にのみ発生している場合には，欠測がMARであっても，この方法でも偏りはない（ただし，効率性は下がる）．

　しかし，説明変数に欠測が発生しており，欠測のメカニズムがMARの場合，除去された部分と残りの部分との間に体系的な差があり，分析結果に深刻な偏りが発生する．この場合，多重代入法によって問題を解決することができる．

　さらに，多変量データでは，不完全な部分を除去してしまうことにより，非常に多くのデータが捨てられることになり，検定における検出力に

も問題が発生しうる. この問題も, 多重代入法によって解決される.

疑問2：なぜ代入を複数回も行うのか？ 1回（1個）代入するだけでは
　　　　いけないのか？
回答：

　分析の目的によって, この答えは変わる. もし分析の目的が平均値（合計値）の記述的な算出なら, 確定的単一代入法を用いればよい. また, 分析の目的が記述的な分布の描写なら, 確率的単一代入法を用いればよい.

　しかし, 標本データから母集団パラメータの推定を行いたいなら, 単一代入法を用いてはいけない. そもそも, 欠測値はあくまでも未知の値であり, 代入法はモデルから欠測値を予測するものである. 単一代入法は, 未知の欠測値を予測したという事実を無視し, 代入値と観測値を同等に扱うため, 標準誤差を過小にしてしまい, 分析結果の精度が誇張されるからである.

　多重代入法は, 複数の代入値のばらつきによって, 推定に関わる不確実性を反映させ, 適切な標準誤差によって推定を妥当なものとすることができる.

疑問3：多重代入法は, 何もないところからデータを作り出す錬金術ではないのか？
回答：

　被説明変数にのみ欠測が発生している場合, リストワイズ除去による回帰係数は不偏推定量であった. このことを利用し, 説明変数に欠測が発生している場合, この「説明変数」を代入モデルの左辺に置き,「被説明変数」を右辺に置くことによって, 代入モデルにおけるパラメータの不偏推定量を得ることができる. さらに, 補助変数には, 欠測変数と相関のある情報があり, これらの観測情報を活用することで, 欠測変数の失われた情報をできるだけ復元している.

　しかしながら, このようにして算出された代入値は, あくまでも予測値であり, 単一代入法のように代入値と観測値を区別せずに母集団パラメー

タの推定をしてしまうと，分析結果の誤差を過小評価してしまい，錬金術
のそしりを受けるおそれがある．

　一方，多重代入法は，欠測データの不確実性を反映させる方法であり，
代入値と観測値を区別して分析する．多重代入法は，理論的根拠に基づい
てデータを復元し，復元を行ったという事実を考慮した上で適切に分析を
実行する科学的な手法であり，何もないところからデータを作り出す錬金
術ではないのである．

参考文献

欧文文献

[1] Abayomi, K., Gelman, A., and Levy, M. (2008). Diagnostics for multivariate imputations, *Applied Statistics*, **57**, 273–291.

[2] Abe, T. and Iwasaki, M. (2007). Evaluation of statistical methods for analysis of small-sample longitudinal clinical trials with dropouts, *Journal of the Japanese Society of Computational Statistics*, **20**, 1–18.

[3] Acemoglu, D., Johnson, S., and Robinson, J. A. (2005). Institutions as the fundamental cause of long-run growth, *Handbook of Economic Growth* (P. Aghion and S. Durlauf, ed.), Elsevier.

[4] Allison, P. D. (2002). *Missing Data*, Sage Publications.

[5] Andridge, R. R. and Little, R. J. A. (2010). A review of hot deck imputation for survey non-response, *International Statistical Review*, **78**, 40–64.

[6] Bailey, D. and Katz, J. N. (2011). Implementing panel-corrected standard errors in R: The `pcse` package, *Journal of Statistical Software*, **42**, 1–11.

[7] Baraldi, A. N. and Enders, C. K. (2010). An introduction to modern missing data analyses, *Journal of School Psychology*, **48**, 5–37.

[8] Barnard, J. and Rubin, D. B. (1999). Small-sample degrees of freedom with multiple imputation, *Biometrika*, **86**, 948–955.

[9] Barro, R. J. (1997). *Determinants of Economic Growth: A Cross-Country Empirical Study*, MIT Press.

[10] Beck, N. and Katz, J. N. (1995). What to do (and not to do) with time-series cross-section data, *American Political Science Review*, **89**, 634–647.

[11] Blackwell, M., Honaker, J., and King, G. (2017a). A unified approach to measurement error and missing data: Overview and applications, *Sociological Methods and Research*, **46**, 303–341.

[12] Blackwell, M., Honaker, J., and King, G. (2017b). A unified approach to measurement error and missing data: Details and extensions, *Sociological Methods and Research*, **46**, 342–369.

[13] Bodner, T. E. (2008). What improves with increased missing data imputations?, *Structural Equation Modeling*, **15**, 651–675.

[14] Brehm, J. and Gates, S. (1993). Donut shops and speed traps: Evaluating

models of supervision on police behavior, *American Journal of Political Science*, **37**, 555–581.

[15] Carpenter, J. R. and Kenward, M. G. (2013). *Multiple Imputation and its Application*, John Wiley & Sons.

[16] Carsey, T. M. and Harden, J. J. (2014). *Monte Carlo Simulation and Resampling Methods for Social Science*, Sage Publications.

[17] Chandola, T., Brunner, E., and Marmot, M. (2006). Chronic stress at work and the metabolic syndrome: Prospective study, *British Medical Journal*, **332**, 521–525.

[18] Chatfield, C. (2004). *The Analysis of Time-Series: An Introduction* (6th ed.), Chapman & Hall/CRC.

[19] Cheema, J. R. (2014). Some general guidelines for choosing missing data handling methods in educational research, *Journal of Modern Applied Statistical Methods*, **13**, 53–75.

[20] Cochran, W. G. (1977). *Sampling Techniques* (3rd ed.), John Wiley & Sons.

[21] Congdon, P. (2006). *Bayesian Statistical Modelling* (2nd ed.), John Wiley & Sons.

[22] Cranmer, S. J. and Gill, J. (2013). We have to be discrete about this: A non-parametric imputation technique for missing categorical data, *British Journal of Political Science*, **43**, 425–449.

[23] Cromwell, J. B., Labys, W. C., and Terraza, M. (1994). *Univariate Tests for Time Series Models*, Sage Publications.

[24] Dahlum, S. and Knutsen, C. H. (2017). Democracy by demand? Reinvestigating the effect of self-expression values on political regime type, *British Journal of Political Science*, **47**, 437–461.

[25] DeGroot, M. H., and Schervish, M. J. (2002).*Probability and Statistics* (3rd ed.), Addison-Wesley.

[26] DeSantis, A. S., Adam, E. K., Doane, L. D., Mineka, S., Zinbarg, R. E., and Craske, M. G. (2007). Racial/ethnic differences in cortisol diurnal rhythms in a community sample of adolescents, *Journal of Adolescent Health*, **41**, 3–13.

[27] de Waal, T., Pannekoek, J., and Scholtus, S. (2011). *Handbook of Statistical Data Editing and Imputation*, John Wiley & Sons.

[28] Do, B. C. and Batzoglou, S. (2008). What is the expectation maximization algorithm?, *Nature Biotechnology*, **26**, 897–899.

[29] Donders, A. R. T., van der Heijden, G. J. M. G., Stijnen, T., and Moons, K. G. M. (2006). Review: A gentle introduction to imputation of missing values, *Journal of Clinical Epidemiology*, **59**, 1087–1091.

[30] Eliason, S. R. (1993). *Maximum Likelihood Estimation: Logic and Practice*, Sage Publications.

[31] Enders, C. K. (2010). *Applied Missing Data Analysis*, The Guilford Press.

[32] Enders, W. (2004). *Applied Econometric Time Series* (2nd ed.), Wiley.

[33] Feng, Y. (2003). *Democracy, Governance, and Economic Performance: Theory and Evidence*, MIT Press.

[34] Flegal, K. M., Shepherd, J. A., Looker, A. C., Graubard, B. I., Borrud, L. G., Ogden, C. L., Harris, T. B., Everhart, J. E., and Schenker, N. (2009). Comparisons of percentage body fat, body mass index, waist circumference, and waist-stature ratio in adults, *American Journal of Clinical Nutrition*, **89**, 500–508.

[35] Fox, J. (1991). *Regression Diagnostics*, Sage Publications.

[36] Gill, J. (2008). *Bayesian Methods: A Social and Behavioral Sciences Approach* (2nd ed.), Chapman & Hall/CRC.

[37] Goodnight, J. H. (1979). A tutorial on the sweep operator, *The American Statistician*, **33**, 149–158.

[38] Graham, J. W. (2009). Missing data analysis: Making it work in the real world, *Annual Review of Psychology*, **60**, 549–576.

[39] Graham, J. W., Olchowski, A. E., and Gilreath, T. D. (2007). How many imputations are really needed? Some practical clarifications of multiple imputation theory, *Prevention Science*, **8**, 206–213.

[40] Greene, W. A. (2003). *Econometric Analysis* (5th ed.), Prentice Hall.

[41] Gujarati, D. N. (2003). *Basic Econometrics* (4th ed.), McGraw-Hill.

[42] Hardt, J., Herke, M., and Leonhart, R. (2012). Auxiliary variables in multiple imputation in regression with missing X: A warning against including too many in small sample research, *BMC Medical Research Methodology*, **12**, 1–13.

[43] Harel, O. (2009). The estimation of R2 and adjusted R2 in incomplete data sets using multiple imputation, *Journal of Applied Statistics*, **36**, 1109–1118.

[44] Héraud-Bousquet, V., Larsen, C., Carpenter, J., Desenclos, J.-C., and Le Strat, Y. (2012). Practical considerations for sensitivity analysis after multiple imputation applied to epidemiological studies with incomplete data, *BMC Medical Research Methodology*, **12**, 1–11.

[45] Hershberger, S. L. and Fisher, D. G. (2003). A note on determining the number of imputations for missing data, *Structural Equation Modeling*, **10**, 648–650.

[46] Honaker, J. and King, G. (2010). What to do about missing values in time series cross-section data, *American Journal of Political Science*, **54**,

561-581.

[47] Honaker, J., King, G., and Blackwell, M. (2011). `Amelia II`: A program for missing data, *Journal of Statistical Software*, **45**, 1-47.

[48] Hopke, P. K., Liu, C., and Rubin, D. B. (2001). Multiple imputation for multivariate data with missing and below-threshold measurements: Time-series concentrations of pollutants in the Arctic, *Biometrics*, **57**, 22-33.

[49] Horowitz, J. L. (2001). The bootstrap, *Handbook of Econometrics*, vol.5, (J. J. Heckman and E. Leamer ed.), Elsevier.

[50] Horton, N. J. and Kleinman, K. P. (2007). Much ado about nothing: A comparison of missing data methods and software to fit incomplete data regression models, *The American Statistician*, **61**, 79-90.

[51] Horton, N. J. and Lipsitz, S. R. (2001). Multiple imputation in practice: Comparison of software packages for regression models with missing variables, *The American Statistician*, **55**, 244-254.

[52] Hsiao, C. (2014). *Analysis of Panel Data* (3rd ed.), Cambridge University Press.

[53] Hu, M., Salvucci, S., and Lee, R. (2001). *A Study of Imputation Algorithms*, Working Paper No. 2001-17. U.S. Department of Education. National Center for Education Statistics.

[54] Hughes, R. A., Sterne, J. A. C., and Tilling, K. (2016). Comparison of imputation variance estimators, *Statistical Methods in Medical Research*, **25**, 2541-2557.

[55] Huntington, S. P. (1991). *The Third Wave: Democratization in the Late Twentieth Century*, University of Oklahoma Press.

[56] Hyndman, R. J. and Khandakar, Y. (2008). Automatic time series forecasting: The `forecast` package for R, *Journal of Statistical Software*, **27**, 1-22.

[57] Imai, K. and van Dyk, D. A. (2005). `MNP`: R package for fitting the multinomial probit model, *Journal of Statistical Software*, **14**, 1-32.

[58] Joenssen, D. W. (2015a). Donor limited hot deck imputation: A constrained optimization problem, *Data Science, Learning by Latent Structures, and Knowledge Discovery* (B. Lausen, S. Krolak-Schwerdt, and M. Böhmer ed.), Springer, 319-327.

[59] Kennedy, P. (2003). *A Guide to Econometrics* (5th ed.), Blackwell Publishing.

[60] King, G., Honaker, J., Joseph, A., and Scheve, K. (2001). Analyzing incomplete political science data: An alternative algorithm for multiple imputation, *American Political Science Review*, **95**, 49-69.

[61] Kropko, J., Goodrich, B., Gelman, A., and Hill, J. (2014). Multiple imputation for continuous and categorical data: Comparing joint multivariate normal and conditional approaches, *Political Analysis*, **22**, 497–519.

[62] Lall, R. (2016). How multiple imputation makes a difference, *Political Analysis*, **24**, 414–433.

[63] Leacy, F. P., Floyd, S., Yates, T. A., and White, I. R. (2017). Analyses of sensitivity to the missing-at-random assumption using multiple imputation with delta adjustment: Application to a tuberculosis/HIV prevalence survey with incomplete HIV-status data, *American Journal of Epidemiology*, **185**, 304–315.

[64] Lee, K. J. and Carlin, J. B. (2010). Multiple imputation for missing data: Fully conditional specification versus multivariate normal imputation, *American Journal of Epidemiology*, **171**, 624–632.

[65] Lee, K. J. and Carlin, J. B. (2012). Recovery of information from multiple imputation: A simulation study, *Emerging Themes in Epidemiology*, **9**, 1–10.

[66] Leite, W. and Beretvas, S. (2010). The performance of multiple imputation for Likert-type items with missing data, *Journal of Modern Applied Statistical Methods*, **9**, 64–74.

[67] Li, F., Baccini, M., Mealli, F., Zell, E. R., Frangakis, C. E., and Rubin, D. B. (2014). Multiple imputation by ordered monotone blocks with application to the anthrax vaccine research program, *Journal of Computational and Graphical Statistics*, **23**, 877–892.

[68] Little, R. J. A. (1992). Regression with missing X's: A review, *Journal of the American Statistical Association*, **87**, 1227–1237.

[69] Little, R. J. A. and Rubin, D. B. (2002). *Statistical Analysis with Missing Data* (2nd ed.), John Wiley & Sons.

[70] Long, J. S. (1997). *Regression Models for Categorical and Limited Dependent Variables*, Sage Publications.

[71] Maddala, G. S. (2001). *Introduction to Econometrics* (3rd ed.), John Wiley & Sons.

[72] Marshall, A., Altman, D. G., Holder, R. L., and Royston, P. (2009). Combining estimates of interest in prognostic modelling studies after multiple imputation: Current practice and guidelines, *BMC Medical Research Methodology*, **9**, 1–8.

[73] McNeish, D. (2017). Missing data methods for arbitrary missingness with small samples, *Journal of Applied Statistics*, **44**, 24–39.

[74] Mealli, F. and Rubin, D. B. (2015). Clarifying missing at random and

related definitions, and implications when coupled with exchangeability, *Biometrika*, **102**, 995-1000.

[75] Migliorati, D. A. M., Scheer, C., Grace, P. R., Rowlings, D. W., Bell, M., and McGree, J. (2014). Influence of different nitrogen rates and DMPP nitrification inhibitor on annual N2O emissions from a subtropical wheat-maize cropping system, *Agriculture, Ecosystems and Environment*, **186**, 33-43.

[76] Mills, T. C. (1990). *Time Series Techniques for Economists*, Cambridge University Press.

[77] Nguyen, C. D., Carlin, J. B., and Lee, K. J. (2017). Model checking in multiple imputation: An overview and case study, *Emerging Themes in Epidemiology*, **14**, 1-12.

[78] Poston, D. and Conde, E. (2014). Missing data and the statistical modeling of adolescent pregnancy, *Journal of Modern Applied Statistical Methods*, **13**, 464-478.

[79] Raghunathan, T. (2016). *Missing Data Analysis in Practice*, CRC Press.

[80] Raghunathan, T. and Bondarenko, I. (2007). Diagnostics for multiple imputations, *SSRN Working Paper Series*, 1-13.

[81] Reibling, N. (2013). The international performance of healthcare systems in population health: Capabilities of pooled cross-sectional time series methods, *Health Policy*, **112**, 122-132.

[82] Resseguier, N., Giorgi, R., and Paoletti, X. (2011). Sensitivity analysis when data at missing not-at-random, *Epidemiology*, **22**, 282-283.

[83] Resseguier, N., Verdoux, H., Giorgi, R., Clavel-Chapelon, F., and Paoletti, X. (2013). Dealing with missing data in the Center for Epidemiologic Studies depression self-report scale: A study based on the French E3N cohort, *BMC Medical Research Methodology*, **13**, 1-11.

[84] Royall, R. M. (1970). On finite population sampling theory under certain linear regression models, *Biometrika*, **57**, 377-387.

[85] Rubin, D. B. (1978). Multiple imputations in sample surveys: A phenomenological Bayesian approach to nonresponse, *Proceedings of the Survey Research Methods Section*, American Statistical Association, 20-34.

[86] Rubin, D. B. (1987). *Multiple Imputation for Nonresponse in Surveys*, John Wiley & Sons.

[87] Rubin, D. B. (2017). Commentary paper, *Statistical Journal of the IAOS*, **33**, 239-240.

[88] SAS Institute. (2017). Multiple imputation for a GARCH (1,1) model, `https://support.sas.com/rnd/app/ets/examples/garchimpute/index.htm`

[89] Schafer, J. L. (1992). Algorithms for multiple imputation and posterior simulation from incomplete multivariate data with ignorable nonresponse, Ph.D. Dissertation, Harvard University.

[90] Schafer, J. L. (1997). *Analysis of Incomplete Multivariate Data*, Chapman & Hall/CRC.

[91] Schafer, J. L. (1999). Multiple imputation: A primer, *Statistical Methods in Medical Research*, **8**, 3-15.

[92] Schafer, J. L. and Graham, J. W. (2002). Missing data: Our view of the state of the art, *Psychological Methods*, **7**, 147-177.

[93] Schafer, J. L. and Olsen, M. K. (1998). Multiple imputation for multi-variate missing-data problems: A data analyst's perspective, *Multivariate Behavioral Research*, **33**, 545-571.

[94] Scheuren, F. (2005). Multiple imputation: How it began and continues, *The American Statistician*, **59**, 315-319.

[95] Seaman, S., Galati, J., Jackson, D., and Carlin, J. (2013). What is meant by "Missing at Random"?, *Statistical Science*, **28**, 257-268.

[96] Shao, J. (2000). Cold deck and ratio imputation,*Survey Methodology*, **26**, 79-85.

[97] Shara, N., Yassin, S. A., Valaitis, E., Wang, H., Howard, B. V., Wang, W., Lee, E. T., and Umans, J. G. (2015). Randomly and non-randomly missing renal function data in the strong heart study: A comparison of imputation methods, *PLOS ONE*, **10**, 1-11.

[98] Su, Y.-S., Gelman, A., Hill, J., and Yajima, M. (2011). Multiple imputation with diagnostics (`mi`) in R: Opening windows into the black box, *Journal of Statistical Software*, **45**, 1-31.

[99] Takahashi, M. (2017a). Multiple ratio imputation by the EMB algorithm: Theory and simulation, *Journal of Modern Applied Statistical Methods*, **16**, 630-656.

[100] Takahashi, M. (2017b). Implementing multiple ratio imputation by the EMB algorithm (R), *Journal of Modern Applied Statistical Methods*, **16**, 657-673.

[101] Takahashi, M. (2017c). Statistical inference in missing data by MCMC and non-MCMC multiple imputation algorithms: Assessing the effects of between-imputation iterations, *Data Science Journal*, **16**, 1-17.

[102] Takahashi, M., Iwasaki, M., and Tsubaki, H. (2017). Imputing the mean of a heteroskedastic log-normal missing variable: A unified approach to ratio imputation, *Statistical Journal of the IAOS*, **33**, 763-776.

[103] U.S. Bureau of the Census (1957). *U.S. Census of Manufactures 1954*,

Vol.II, Industry Statistics, Part 1, General Summary and Major Groups 20 to 28, U.S. Government Printing Office.

[104] van Buuren, S. (2012). *Flexible Imputation of Missing Data*, Chapman & Hall/CRC.

[105] van Buuren, S. and Groothuis-Oudshoorn, K. (2011). `mice`: multivariate imputation by chained equations in R, *Journal of Statistical Software*, **45**, 1-67.

[106] van Buuren, S. and Oudshoorn, K. (1999). Flexible multivariate imputation by MICE, *Technical Report*, PG/VGZ/99.054 (TNO Prevention and Health), 1-20.

[107] Wagenaar, A. C., Maldonado-Molina, M. M., Erickson, D. J., Ma, L., Tobler, A. L., and Komro, K. A. (2007). General deterrence effects of U.S. statutory DUI fine and jail penalties: Long-term follow-up in 32 states, *Accident Analysis and Prevention*, **39**, 982-994.

[108] Wooldridge, J. M. (2002). *Econometric Analysis of Cross Section and Panel Data*, MIT Press.

[109] Wooldridge, J. M. (2009). *Introductory Econometrics: A Modern Approach* (4th ed.), South-Western.

[110] Zhu, J. and Raghunathan, T. E. (2015). Convergence properties of a sequential regression multiple imputation algorithm, *Journal of the American Statistical Association*, **110**, 1112-1124.

和文文献

[111] 青木繁伸 (2009). R による統計解析，オーム社.

[112] 阿部貴行 (2016). 欠測データの統計解析，朝倉書店.

[113] 飯田健 (2013). 計量政治分析，共立出版.

[114] 岩崎学 (2002). 不完全データの統計解析，エコノミスト社.

[115] 岩崎学 (2015). 統計的因果推論，朝倉書店.

[116] 狩野裕 (2014). NMAR の下での尤度法，日本統計学会誌，**43**, 259-377.

[117] 川口大司 (2008). 労働政策評価の計量経済学，日本労働研究雑誌，**579**, 16-28.

[118] 河村和徳 (2015). 政治の統計分析，共立出版.

[119] 北村行伸 (2003). パネルデータの分析手法の展望，季刊家計経済研究，**100**, 60-69.

[120] 北村行伸 (2013). パネルデータ分析の新展開，経済研究，**54**, 74-93.

[121] 金明哲 (2007). R によるデータサイエンス：データ解析の基礎から最新手法まで，森北出版.

[122] 栗原伸一 (2011). 入門統計学—検定から多変量解析・実験計画法まで—，オーム社.

[123] 栗原由紀子 (2015). 統計的マッチングにおける推定精度とキー変数選択の効果—法人企業統計調査ミクロデータを対象として—，統計学，**108**, 1-15.

[124] 小暮厚之 (2013). ベイズ計量経済分析入門—より柔軟なモデリングの実践に向けて，経済セミナー，**673**, 37-42.

[125] 迫田宇広・高橋将宜・渡辺美智子 (2014). 問題解決力向上のための統計学基礎：Excel によるデータサイエンススキル，日本統計協会.

[126] 柴田里程 (2017). 時系列解析，共立出版.

[127] スコルプスキ，W.・ワイナー，H.・高橋将宜 (2016). ベイズ統計学によるどんでん返し：検察官の誤謬の訂正（抄訳），統計，**67**, 71-77.

[128] 曽我謙悟 (2011). 政治学における時系列・横断面 (TSCS) データ分析，オペレーションズ・リサーチ：経営の科学，**56**, 209-214.

[129] 高井啓二・星野崇宏・野間久史 (2016). 欠測データの統計科学—医学と社会科学への応用，岩波書店.

[130] 高橋将宜 (2017). 諸外国の公的統計における欠測値の対処法：集計値ベースと公開型ミクロデータの代入法，統計学，**112**, 65-83.

[131] 高橋将宜・阿部穂日・野呂竜夫 (2015). 公的統計における欠測値補定の研究：多重代入法と単一代入法，製表技術参考資料，**30**, 1-95.

[132] 高橋将宜・伊藤孝之 (2013). 経済調査における売上高の欠測値補定方法について～多重代入法による精度の評価～，統計研究彙報，**70**, 19-86.

[133] 高橋将宜・伊藤孝之 (2014). 様々な多重代入法アルゴリズムの比較～大規模経済系データを用いた分析～，統計研究彙報，**71**, 39-82.

[134] 辰巳憲一・松葉育雄 (2008). 時系列データにおける補間方法の分析と考察，学習院大学経済経営研究所年報，**22**, 35-43.

[135] 土屋隆裕 (2009). 概説 標本調査法，朝倉書店.

[136] 轟亮・杉野勇 (2013). 入門・社会調査法（第2版），法律文化社.

[137] 中村永友・小西貞則 (1998). 情報量規準に基づく多変量正規混合分布モデルのコンポーネント数の推定，応用統計学，**27**, 165-180.

[138] 野村俊一 (2016). カルマンフィルタ：R を使った時系列予測と状態空間モデル，共立出版.

[139] 星野崇宏 (2009). 調査観察データの統計科学：因果推論・選択バイアス・データ融合，岩波書店.

[140] 松田芳郎・伴金美・美添泰人 (2000). ミクロ統計の集計解析と技法，講座ミクロ統計分析第2巻，日本評論社.

[141] 森裕一・黒田正博・足立浩平 (2017). 最小二乗法・交互最小二乗法，共立出版.

[142] 矢野浩一 (2012). ベイズ推定へようこそ！，経済セミナー，**664**, 113-121.

[143] 渡辺美智子・小山斉 (2003). 実践ワークショップ Excel 徹底活用 統計データ分析，秀和システム.

[144] 渡辺美智子・山口和範 (2000). EM アルゴリズムと不完全データの諸問題，多賀

出版.

データ

[145] CIA (2016). *The World Factbook*,
https://www.cia.gov/library/publications/the-world-factbook/
index.html

[146] Freedom House (2014). *Freedom in the World 2014*,
https://freedomhouse.org/report/freedom-world/freedom-world-2014

[147] Freedom House (2015). *Freedom in the World 2015*,
https://freedomhouse.org/report/freedom-world/freedom-world-2015

[148] Freedom House (2016). *Freedom in the World 2016*,
https://freedomhouse.org/report/freedom-world/freedom-world-2016

R パッケージのマニュアル

[149] Ayyala, D. N., Frankhouser, D. E., Ganbat, J.-O., Marcucci, G., Bundschuh, R., Yan, P., and Lin, S. (2015). *Package MethylCapSig*,
https://cran.r-project.org/web/packages/MethylCapSig/
MethylCapSig.pdf

[150] Cranmer, S., Gill, J., Jackson, N., Murr, A., and Armstrong, D. (2016). *Package hot.deck*,
https://cran.r-project.org/web/packages/hot.deck/hot.deck.pdf

[151] Croissant, Y., Millo, G., Tappe, K., Toomet, O., Kleiber, C., Zeileis, A., Henningsen, A., Andronic, L., and Schoenfelder, N. (2016). *Package plm*,
https://cran.r-project.org/web/packages/plm/plm.pdf

[152] Fox, J., Weisberg, S., Adler, D., Bates, D., Baud-Bovy, G., Ellison, S., Firth, D., Friendly, M., Gorjanc, G., Graves, S., Heiberger, R., Laboissiere, R., Monette, G., Murdoch, D., Nilsson, H., Ogle, D., Ripley, B., Venables, W., Winsemius, D., and Zeileis, A. (2016). *Package car*,
https://cran.r-project.org/web/packages/car/car.pdf

[153] Gavrilov, I. and Pusev, R. (2015). *Package normtest*,
https://cran.r-project.org/web/packages/normtest/normtest.pdf

[154] Gelman, A., Su, Y.-S., Yajima, M., Hill, J., Pittau, M. G., Kerman, J., Zheng, T., and Dorie, V. (2016). *Package arm*,
https://cran.r-project.org/web/packages/arm/arm.pdf

[155] Honaker, J., King, G., and Blackwell, M. (2016). *Package Amelia*,
https://cran.r-project.org/web/packages/Amelia/Amelia.pdf

[156] Hothorn, T., Zeileis, A., Farebrother, R. W., Cummins, C., Millo, G., and Mitchell, D. (2017). *Package lmtest*,

https://cran.r-project.org/web/packages/lmtest/lmtest.pdf

[157] Joenssen, D. W. (2015b). *Package HotDeckImputation*, https://cran.r-project.org/web/packages/HotDeckImputation/HotDeckImputation.pdf

[158] Kohl, M. (2016). *Package MKmisc*,
https://cran.r-project.org/web/packages/MKmisc/MKmisc.pdf

[159] Resseguier, N. (2010). *Package SensMice*,
http://download.lww.com/wolterskluwer_vitalstream_com/PermaLink/
EDE/A/EDE_2010_12_08_PAOLETTI_200963_SDC1.pdf

[160] Robitzsch, A., Grund, S., and Henke, T. (2017). *Package miceadds*,
https://cran.r-project.org/web/packages/miceadds/miceadds.pdf

[161] Sarkar, D. (2017). *Package lattice*,
https://cran.r-project.org/web/packages/lattice/lattice.pdf

[162] Schafer, J. L. (2016). *Package norm2*,
https://cran.r-project.org/web/packages/norm2/norm2.pdf

[163] van Buuren, S., Groothuis-Oudshoorn, K., Robitzsch, A., Vink, G., Doove,
L., Jolani, S., Schouten, R., Gaffert, P., and Meinfelder, F. (2017). *Package
mice*, https://cran.r-project.org/web/packages/mice/mice.pdf

注：URL の情報は，2017 年 10 月 18 日に参照したものである．これらの内容は，Internet Archive Wayback Machine(https://archive.org/web/) にも収集されているので，元のウェブサイトがアクセスできなくなった場合には，こちらの情報も活用されたい．

索　引

〈著者紹介〉

高橋　将宜（たかはし まさよし）

2009 年　ミシガン州立大学政治学科博士課程 単位取得
2017 年　成蹊大学大学院理工学研究科理工学専攻情報科学コース 博士号取得
現　　在　長崎大学情報データ科学部 准教授
　　　　　博士（理工学）
専　　門　統計科学，情報科学，計量政治学，不完全データ処理法

渡辺美智子（わたなべ みちこ）

1981 年　九州大学大学院総合理工学研究科情報システム学専攻修士課程 修了
1986 年　九州大学 博士号取得
現　　在　慶應義塾大学大学院健康マネジメント研究科 教授
　　　　　理学博士
専　　門　統計科学，多変量解析，潜在変数モデル，不完全データ処理法

統計学 One Point 5

欠測データ処理

—R による単一代入法と多重代入法—

Missing Data Analysis:
Single Imputation and
Multiple Imputation in R

2017 年 12 月 15 日　初版 1 刷発行
2023 年 9 月 10 日　初版 5 刷発行

検印廃止
NDC 417

ISBN 978-4-320-11256-8

著　者　高橋　将宜　ⓒ 2017
　　　　渡辺美智子

発行者　南條光章

発行所　**共立出版株式会社**

〒112-0006
東京都文京区小日向 4-6-19
電話番号　03-3947-2511（代表）
振替口座　00110-2-57035
www.kyoritsu-pub.co.jp

印　刷　大日本法令印刷

製　本　協栄製本

一般社団法人
自然科学書協会
会員

Printed in Japan

統計学 One Point

鎌倉稔成（委員長）・江口真透・大草孝介・酒折文武・瀬尾 隆・椿 広計・西井龍映・松田安昌・森 裕一・宿久 洋・渡辺美智子［編集委員］

＜統計学に携わるすべての人におくる解説書＞

統計学で注目すべき概念や手法、つまずきやすいポイントを取り上げて、第一線で活躍している経験豊かな著者が明快に解説するシリーズ。

≪続刊テーマ≫
データ同化／特異値分解と主成分・因子分析／他
（価格、続刊テーマは変更する場合がございます）

www.kyoritsu-pub.co.jp　　**共立出版**　　【各巻：A5判・並製・税込価格】